A

这是一款双色调毛衫，使用了可以编织成多彩条纹花样的段染线和纯色线。袖口无须另外编织边缘，整体简单利落。

使用线：Lecce、L' incanto no.5

编织方法：34页

B

从上往下编织的育克部分毛茸茸的，散发着金属光泽。身片和衣袖从育克挑针编织。不同线材的组合使这款套头衫看上去更加可爱。

使用线：Eclatant、Princess Anny

编织方法：40页

C

使用松软的、毛茸茸的毛线编织的背心摸着就感觉非常治愈。灵活使用可爱的线材，尝试秋冬季节的吊带外穿风格吧。

使用线：Eclatant
编织方法：56页

D

将炫彩的混染线用在配色花样中作为点缀。像大理石花纹一般散开，充满朦胧感的花样十分独特。

使用线：Monarca、Tweet
编织方法：37页
帽子/作品H

E

镂空花样的两件套给人清爽简洁的印象，外搭是E款，背心是F款。用这种线编织的毛衫不易起皱，是旅行良伴。

使用线： Princess Anny

编织方法： 42页

F

花样精美的背心单穿也非常漂亮。搭配挺阔的衬衫或柔软的罩衫，又将展现别样的风采。

使用线：Princess Anny

编织方法：47页

G

植物几何花样的圆育克使用了黑白灰色调，十分雅致。一圈一圈地编织，花样逐渐呈现出来，这样的编织时光让人感觉无比幸福。

使用线：Chaska
编织方法：50页

H

这两顶帽子使用了上针打底的根西花样，凸起的花样宛如浮雕一般清晰可辨。
幼羊驼绒独特的顶级手感让人爱不释手。

使用线：Chaska　编织方法：64页

I

这是一款经典的插肩袖毛衣，镂空花样的衣袖使作品更加富有创意！与下针编织的清爽身片形成了一繁一简的绝佳组合。

使用线： L' incanto no.9
编织方法： 52页

J

套头衫的双色提花花样令人着迷。因为这款线材的颜色非常丰富，挑选自己喜欢的颜色，尝试各种组合搭配应该也很有趣。

使用线： British Eroika
编织方法： 57页

K

粗花呢线与阿兰花样的组合是冬季毛衫的最强标签！胁部开衩的背心搭配宽袖衬衫更显时尚，当下非常流行。

使用线： Soft Donegal
编织方法： 60页

L

这是一款棋盘格纹的毛衫，使用了自然形成提花效果的特色线和纯色线编织而成。并非刻意设计的花样随机变化，让人不禁为之着迷。

使用线：Husky、Princess Anny

编织方法：66页

M

这是以起伏针为基础的落肩袖毛衫，大小不同的2种麻花花样是整件作品的亮点。
偏大的版型加上恰到好处的垂感，给人一种静谧的美感。

使用线：Queen Anny　编织方法：68页

N、O

兜帽可以牢牢地戴在头上，也可以当作围脖佩戴，帽子部分就像风帽一样作为点缀。幼羊驼绒线和仿皮草线暖乎乎的，真是绝佳搭配。配套的露指手套也一起编织吧。只需等针直编，留出拇指孔部分缝合即可，简单的结构也很讨人喜欢。

N兜帽使用线：Chaska、Eclatant
编织方法：63页

O露指手套使用线：Chaska、Eclatant
编织方法：64页

P

长针钩织的手提包非常结实，改变颜色和线材，这款设计一年四季都可以使用。如果是棒针编织，锯齿花样会有点复杂，但是钩针编织就轻松多了。

使用线： British Eroika
编织方法： 70页

Q

这是一款质地轻柔舒适的套头衫，按2针挂针的镂空花样用中粗线编织而成。惊人的轻柔感也是其一大魅力。

使用线： Julika Mohair
编织方法： 72页

R

这款长筒露指手套的设计是通过长针的加减针编织出大波浪的花样。将编织起点和编织终点对折后留出拇指孔缝合即可。

使用线：L' incanto no.9　编织方法：75页

S

这款五彩的锯齿花样套头衫散发着20世纪70年代的复古气息。用段染线编织，配色顺其自然！漂亮的色彩变化令人惊艳。

使用线： Mille Colori Baby

编织方法： 76页

T

毛线编织的装饰领简单地披在肩上就是一款亮眼的时尚单品。
像一件小斗篷，极具存在感，而且增添了几分甜美气息。

使用线：British Fine　编织方法：78页

U

这是一款祖母方格花片的无纽扣短上衣，配色十分雅致。没有不规则花片，连接起来非常简单。也很适合初学者编织。

使用线： L' incanto no.5

编织方法： 80页

V

跟作品 U 配套的束口袋是由 8 个花片连接而成的。最后利用花样的空隙穿入皮绳。

使用线：L' incanto no.5　编织方法：80页

W

这是一款从领口往下编织的船领套头衫，身片做下针编织，十分简约。加在领口和衣袖的交叉花样给人柔美的印象。

使用线： Boboli
编织方法： 85页

X

大型的麻花花样新颖时尚。这款包包是用棒针和钩针组合编织完成的。容易拉伸的提手部分钩织了短针，更加结实耐用。

使用线：Mini Sport
编织方法：90页

a

Y

圆鼓鼓的爆米花针煞是可爱，是这款五彩三角披肩的最大亮点。
只需用多色混染线编织，就能呈现出色彩变幻十分有趣的条纹。

使用线： Mille Colori Baby　**编织方法：** 84页

b

Z

这款毛衫使用了鲜明的几何配色花样，宛如提花织物，令人印象深刻。后身片仅用纯色线简单地编织了上针花样。

使用线：Alba
编织方法：92页

本书用线一览

图片为实物粗细

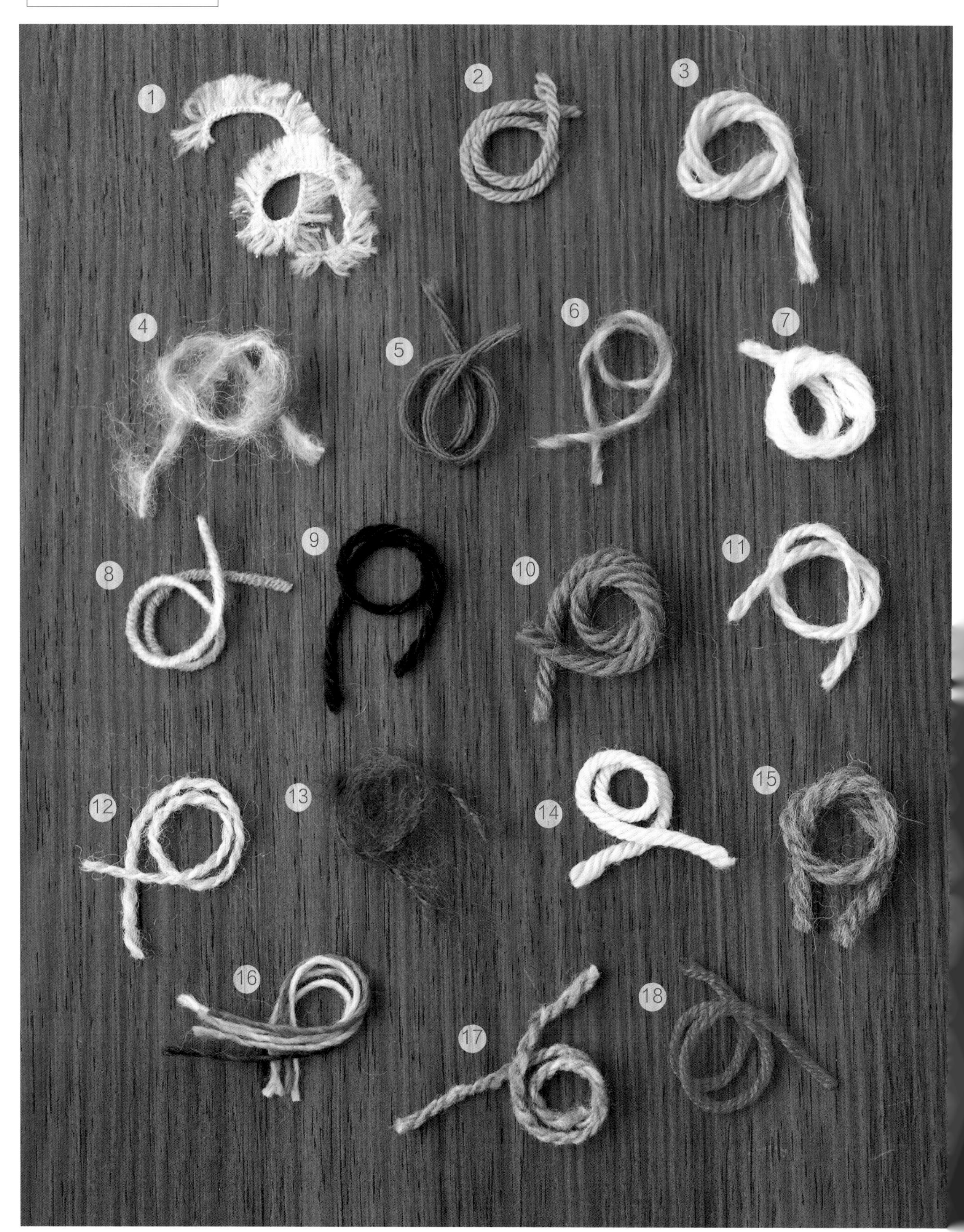

线名	成分	粗细	色数	规格	线长	用针号数	标准下针编织密度	特征
1 Eclatant	锦纶 80% 涤纶 20%	极粗	8	50g/ 团	87m	8~10 号	16~17 针 25~26 行	仿佛晶莹剔透的雪花从碧蓝的寒空中飘落，所以将此线命名为 Eclatant，该词在法语中的意思是“闪亮的”。这是一款仿皮草线，手感舒适顺滑
2 Princess Anny	羊毛 100%（防缩加工）	粗	35	40g/ 团	112m	5~7 号	21~22 针 28~29 行	多年以来备受喜爱的经典款顶级毛线，是含 100% 羊毛的粗线。无论编织配色花样还是基础花样，都非常适合
3 Monarca	羊驼绒 70% 羊毛 30%	极粗	10	50g/ 团	89m	8~10 号	17~18 针 23~24 行	加入了优质羊驼绒的极粗毛线，编织起来非常顺手。手感柔软、富有光泽，十分雅致
4 Tweet	羊毛 40%（使用 100% 超细美利奴羊毛） 马海毛 36%（使用 100% 顶级幼马海毛） 锦纶 13% 棉 11%	极粗	6	40g/ 团	95m	10~12 号	12~13 针 16~17 行	这是一款花式线，松软的质地十分舒适。编织完成后，浮现出五彩斑斓的颜色。富有韵味的线材最适合编织简单的花样
5 L' incanto no.5	羊毛 100%	粗	5	40g/ 团	124m	5~7 号	22~23 针 30~31 行	这款粗线集合了 5 种方便使用的基础色以供选择。手感舒适、弹性适中、质地松软。可以用来编织基础花样和蕾丝花样等
6 Lecce	羊毛 90% 马海毛 10%	中细	8	40g/ 团	160m	4~6 号	24~25 针 30~31 行	将优质的羊毛和马海毛进行 7 色段染，再纺成多色混合的段染线，呈现出复杂多变的色调
7 L' incanto no.9	羊毛 100%	极粗	5	50g/ 团	83m	10~12 号	16~17 针 22~23 行	与 L' incanto no.5 一样，有 5 种颜色可供选择，这是一款极粗毛线。同种颜色有不同粗细的 2 种线，可以搭配起来使用。适合编织基础花样和阿兰花样等更有立体感的花样
8 Husky	羊毛 50%（使用 100% 超细美利奴羊毛） 腈纶 50%	粗	8	100g/ 团	300m	6~8 号	19~20 针 28~29 行	这是一款特色线，简单编织就能自然呈现出提花效果。可以编织出专属于自己的、独一无二的作品
9 Chaska	羊驼绒 100%（使用 100% 幼羊驼绒）	粗	6	50g/ 团	100m	4~6 号	21~22 针 27~28 行	幼羊驼绒的软糯手感以及富有光泽的优美质感是这款线材的魅力所在。有 6 种自然色可供选择
10 Mini Sport	羊毛 100%	极粗	28	50g/ 团	72m	8~10 号	16~17 针 21~22 行	这是一款轻便的、有一定韧性的平直毛线。颜色漂亮、有弹性、容易编织，是很有人气的经典线材
11 Boboli	羊毛 58% 马海毛 25% 真丝 17%	粗	14	40g/ 团	110m	5~7 号	22~23 针 28~29 行	纺织时特意抑制了真丝的质感，增加了阴影效果。不同光泽度的原材料巧妙融合，呈现出优美的质感
12 British Fine	羊毛 100%	中细	40	25g/ 团	116m	3~5 号	25~26 针 33~34 行	经典款平直毛线，英国产，质地结实、偏硬。因为线材偏细，也可以用于合股编织的作品
13 Julika Mohair	马海毛 86%（使用 100% 顶级幼马海毛） 羊毛 8%（使用 100% 超细美利奴羊毛） 锦纶 6%	中粗	16	40g/ 团	102m	8~10 号	15~16 针 20~21 行	这是一款中粗马海毛线，使用顶级幼马海毛和超细美利奴羊毛等高级原材料加工而成。特点是织物轻柔、手感舒适
14 Queen Anny	羊毛 100%	中粗	55	50g/ 团	97m	6~7 号	19~20 针 27~28 行	这是一款颜色丰富、齐全的中粗毛线。独特的混纺工艺打造出柔软的弹性和雅致的光泽
15 British Eroika	羊毛 100%（使用 50% 以上英国羊毛）	极粗	35	50g/ 团	83m	8~10 号	15~16 针 21~22 行	这款线材在英国羊毛的弹性和张力基础上，增加了轻柔的质感。粗细适中、容易编织，深受广大消费者的喜爱
16 Mille Colori Baby	羊毛 100%（使用 100% 美利奴细羊毛）	中细	8	50g/ 团	190m	3~5 号	25~26 针 32~33 行	这是一款多色段染线，各种颜色层出不穷，无论使用棒针还是钩针都可以编织出各种花样。这是使用优质的美利奴细羊毛加工而成的中细毛线，手感十分柔滑
17 Soft Donegal	羊毛 100%	中粗	9	40g/ 团	75m	8~10 号	15~16 针 23~24 行	这是爱尔兰多尼戈尔地区的传统粗花呢线。线结也全部由羊毛制成，蓬松又有韧性
18 Alba	羊毛 100%（使用 100% 超细美利奴羊毛）	粗	20	40g/ 团	105m	6~7 号	23~24 针 31~32 行	这款线材 100% 使用了美利奴羊毛中品质最高的超细美利奴羊毛。富有光泽、手感柔软

●线的粗细仅作为参考，标准下针编织密度是制造商提供的数据。

作品的编织方法

A | 02、03页

●材料

Lecce（中细）绿色、蓝色和棕色系段染（403）150g/4团

L' incanto no.5（粗）原白色（501）30g/1团

●工具

棒针6号、5号

●成品尺寸

胸围116cm，衣长45cm，连肩袖长29cm

●编织密度

编织花样A 24针10cm，24行7cm

10cm×10cm面积内：下针编织24针，30行

●编织要点

前、后身片 手指挂线起针后，开始编织下摆的单罗纹针。接着做编织花样A、B和下针编织至肩部。后领窝做伏针减针和立起侧边1针的减针。前领窝将中心2针做休针处理。肩部做引返编织，然后将肩部的针目做休针处理。

组合 肩部将前、后身片正面相对做盖针接合。衣领环形编织双罗纹针。一边参照图示在V领领尖减针一边环形编织，编织终点做下针织下针、上针织上针的伏针收针。胁部做挑针缝合。

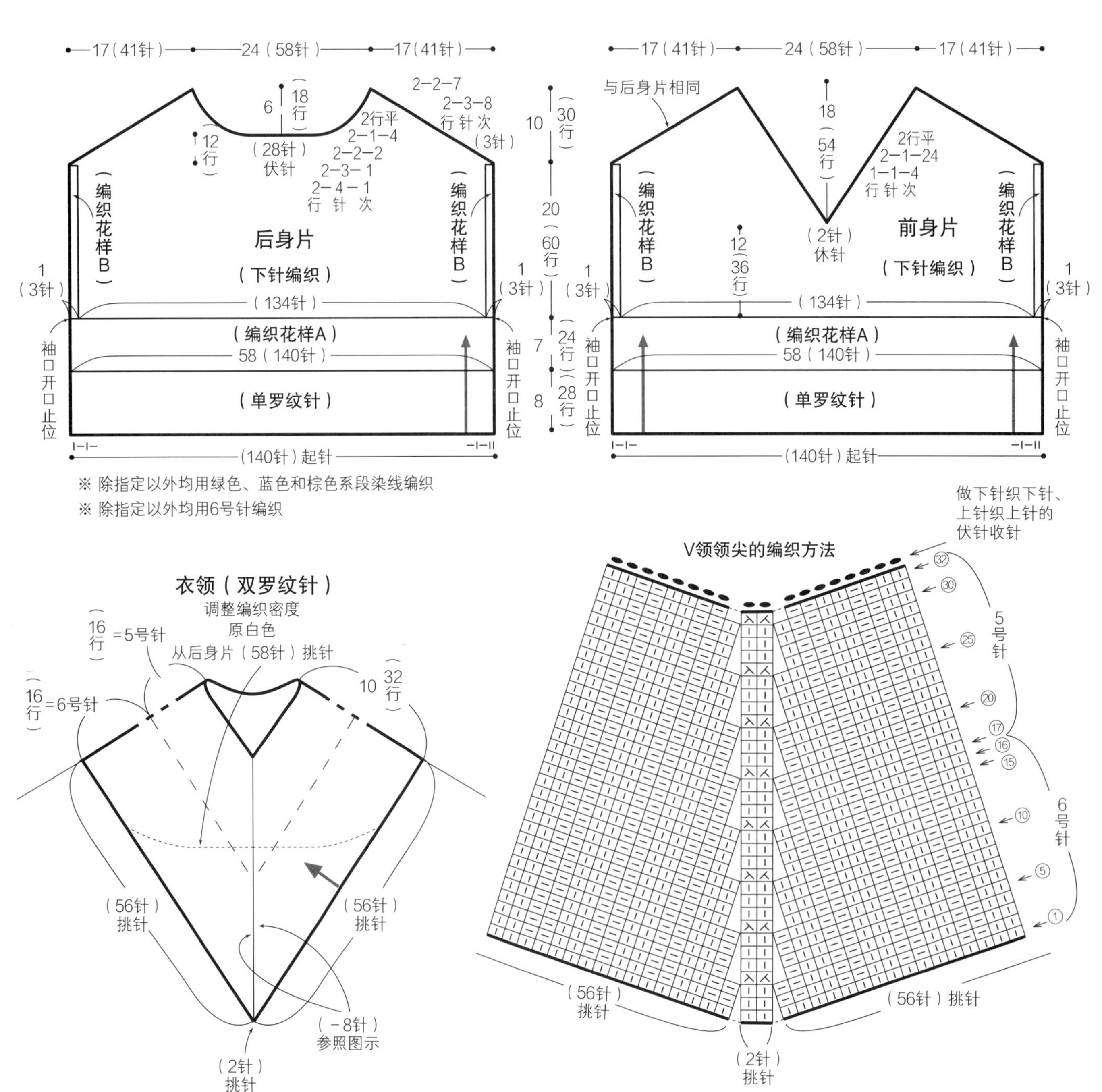

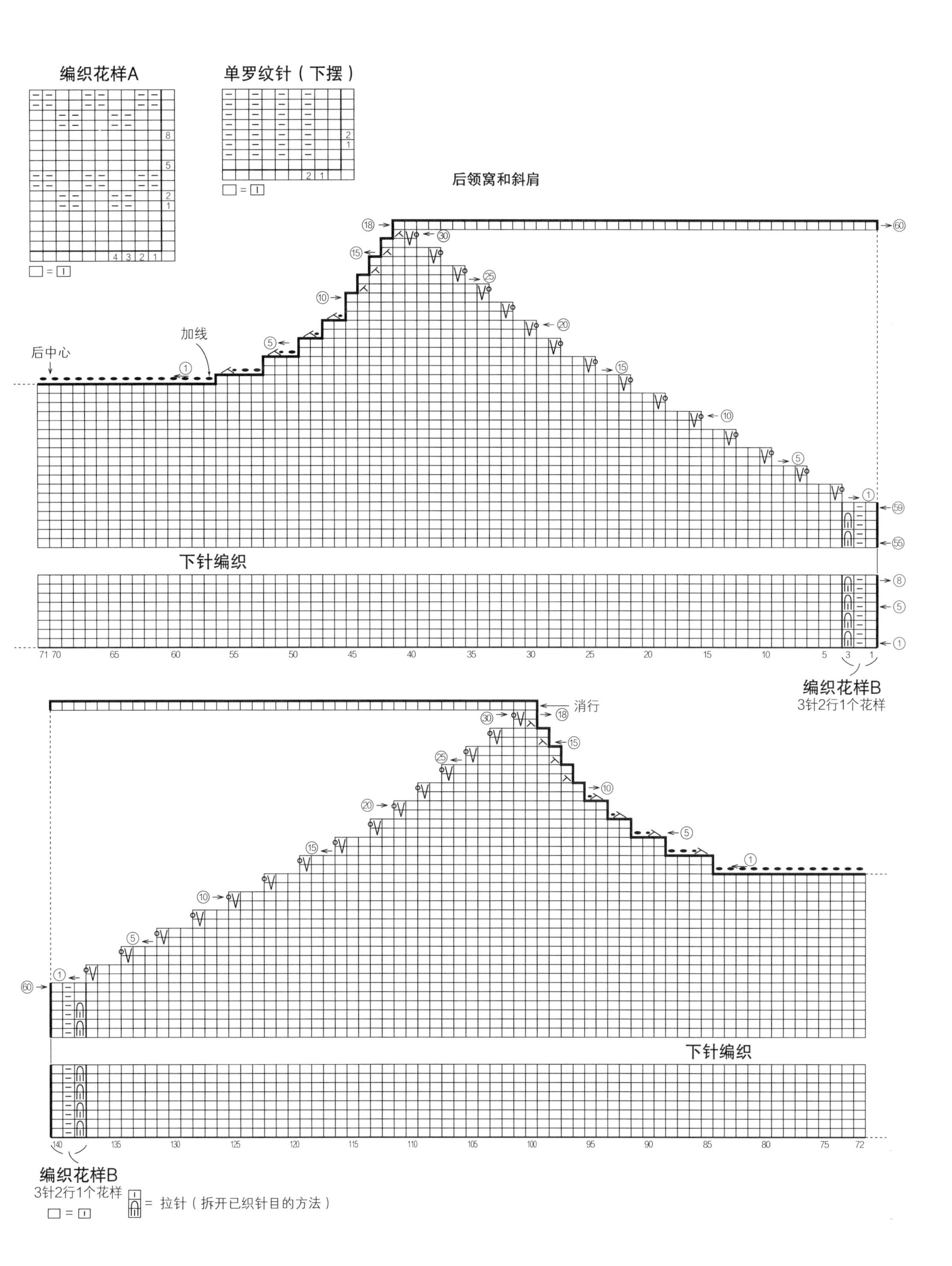
编织花样A
□ = Ⅰ
单罗纹针（下摆）
□ = Ⅰ
后领窝和斜肩
后中心
加线
下针编织
编织花样B
3针2行1个花样
消行
下针编织
编织花样B
3针2行1个花样
□ = Ⅰ
= 拉针（拆开已织针目的方法）

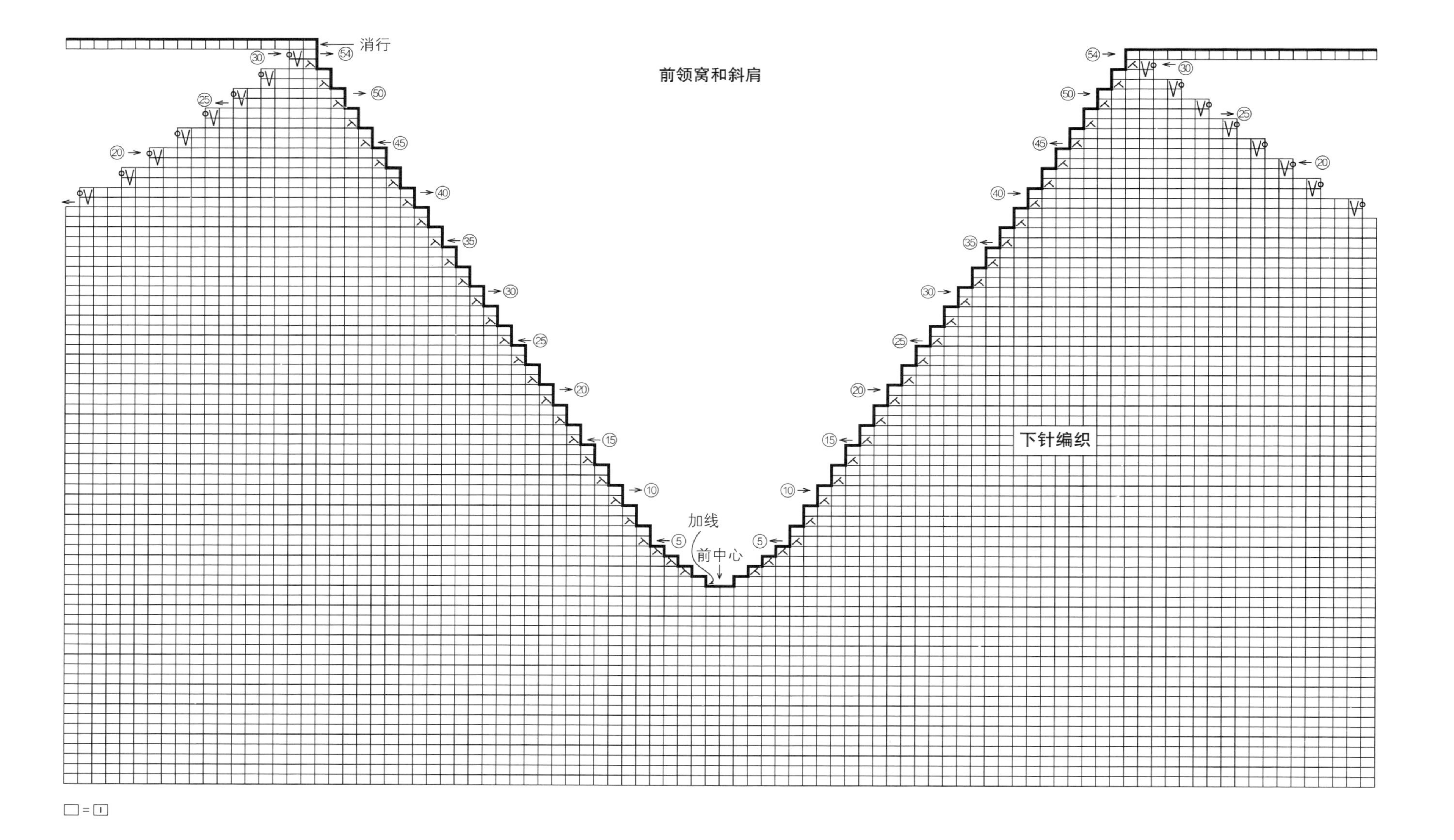
消行
前领窝和斜肩
下针编织
加线
前中心
54
50
45
40
35
30
25
20
15
10
5

D | 06、07页

●材料

Monarca(极粗)灰米色(902)240g/5团，原白色(901)60g/2团，水蓝色(907)35g/1团

Tweet(极粗)粉红色系混染(1801)50g/2团

●工具

棒针9号

●成品尺寸

胸围100cm，肩宽38cm，衣长51cm，袖长54cm

●编织密度

10cm×10cm面积内：下针编织、配色花样A、配色花样B均为18.5针，20行

●编织要点

前、后身片 手指挂线起针后，开始编织下摆的双罗纹针。接着做下针编织和配色花样A。袖窿、领窝做休针、伏针减针和立起侧边1针的减针，然后将肩部的针目做休针处理。

衣袖 起针方法与身片相同，做双罗纹针、配色花样A、配色花样B和下针编织。袖下在1针内侧做扭针加针，编织终点做伏针收针。

组合 肩部将前、后身片正面相对做盖针接合。衣领环形编织双罗纹针后做伏针收针。胁部、袖下做挑针缝合。衣袖与身片之间做引拔缝合。

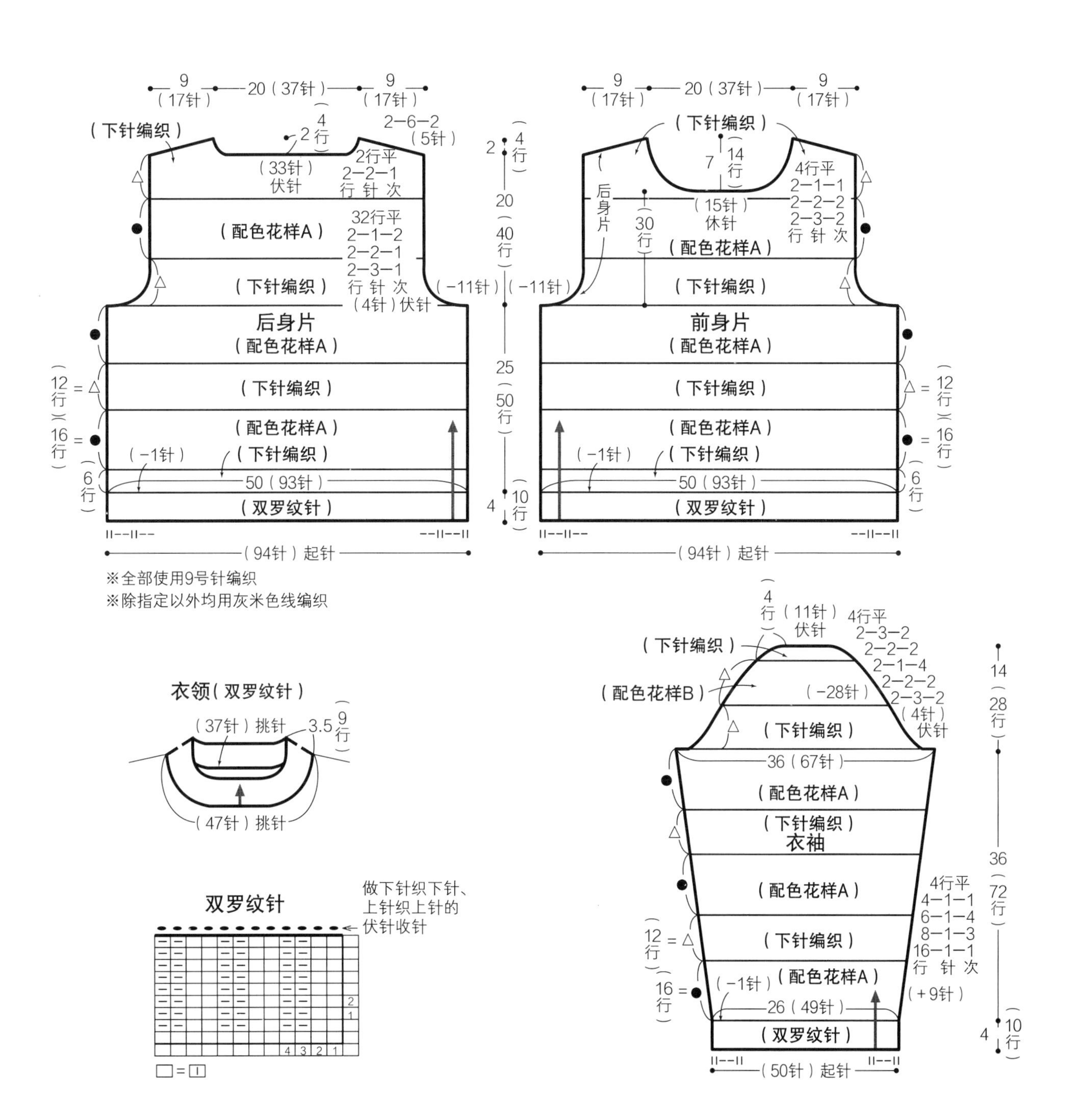

配色花样

配色
- □ = 灰米色
- ■ = 水蓝色
- ▨ = 粉红色系混染
- ◎ = 原白色

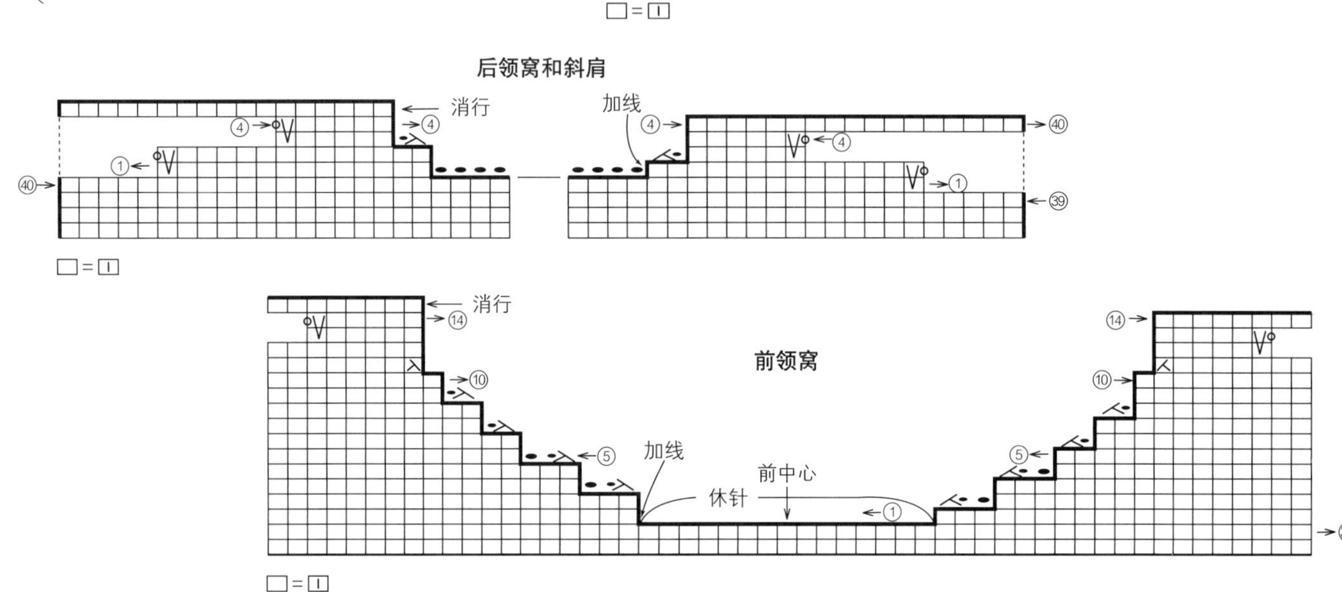

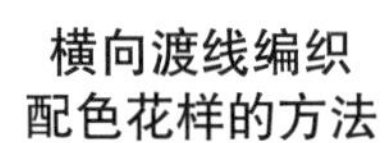

横向渡线编织配色花样的方法

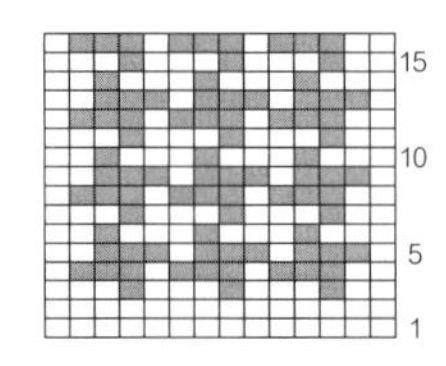

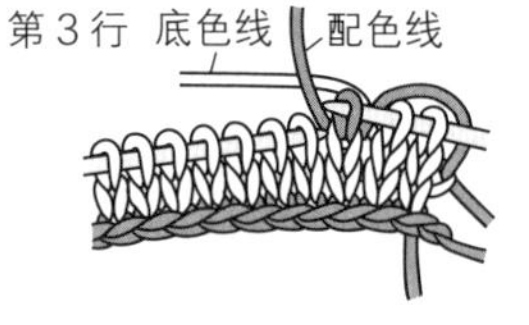

1 夹住配色线开始编织。用底色线编织 2针，再用配色线编织 1针。

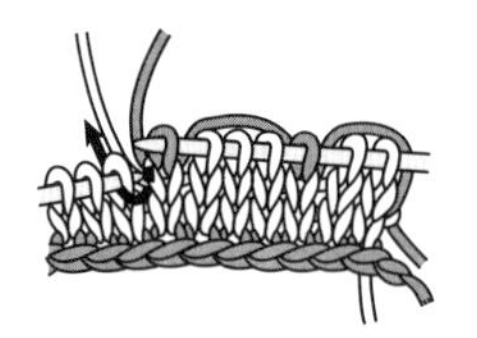

2 按配色线在上、底色线在下的要领渡线，重复“用底色线编织 3针，用配色线编织 1针”。

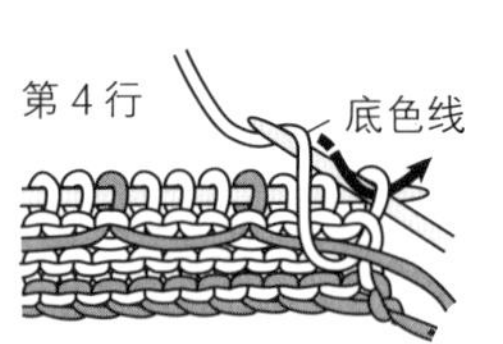

3 第 4行的编织起点，夹住配色线编织第 1针。

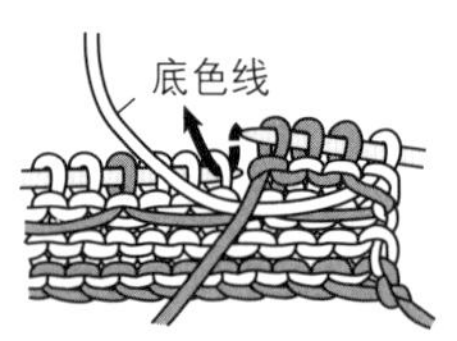

4 编织上针一侧时，也按配色线在上、底色线在下的要领渡线编织。

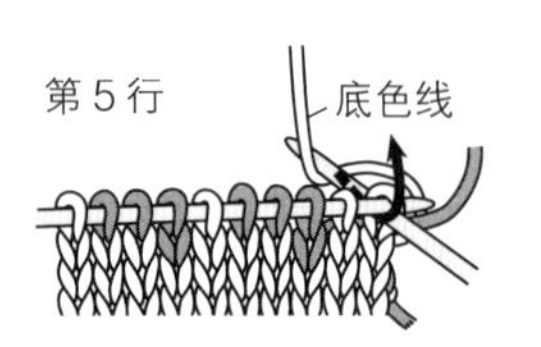

5 每行的编织起点都将暂停编织的线夹在中间开始编织。

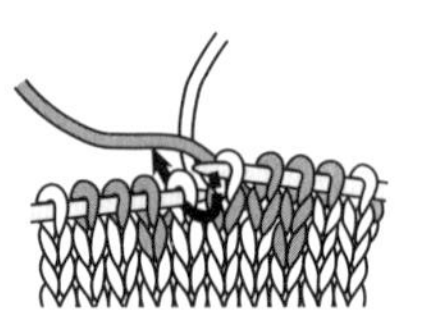

6 按符号图重复“用配色线编织 3针，用底色线编织 1针”。

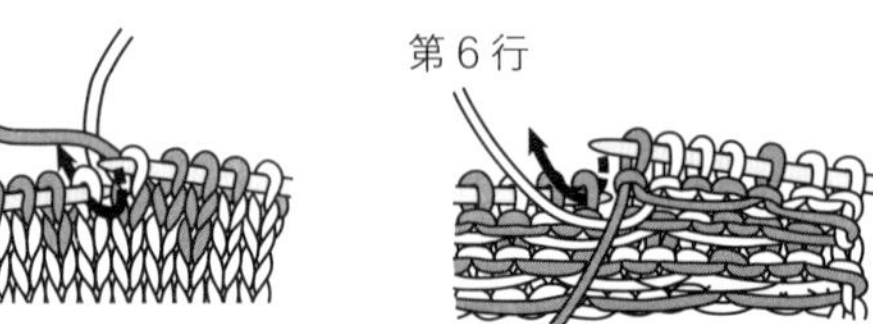

7 重复“用配色线编织 1针,用底色线编织3针”。到这一行结束为 1个花样。

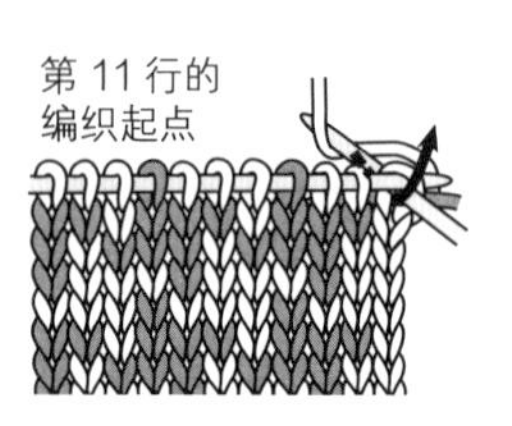

8 再编织 4行，2个千鸟格花样完成后的状态。

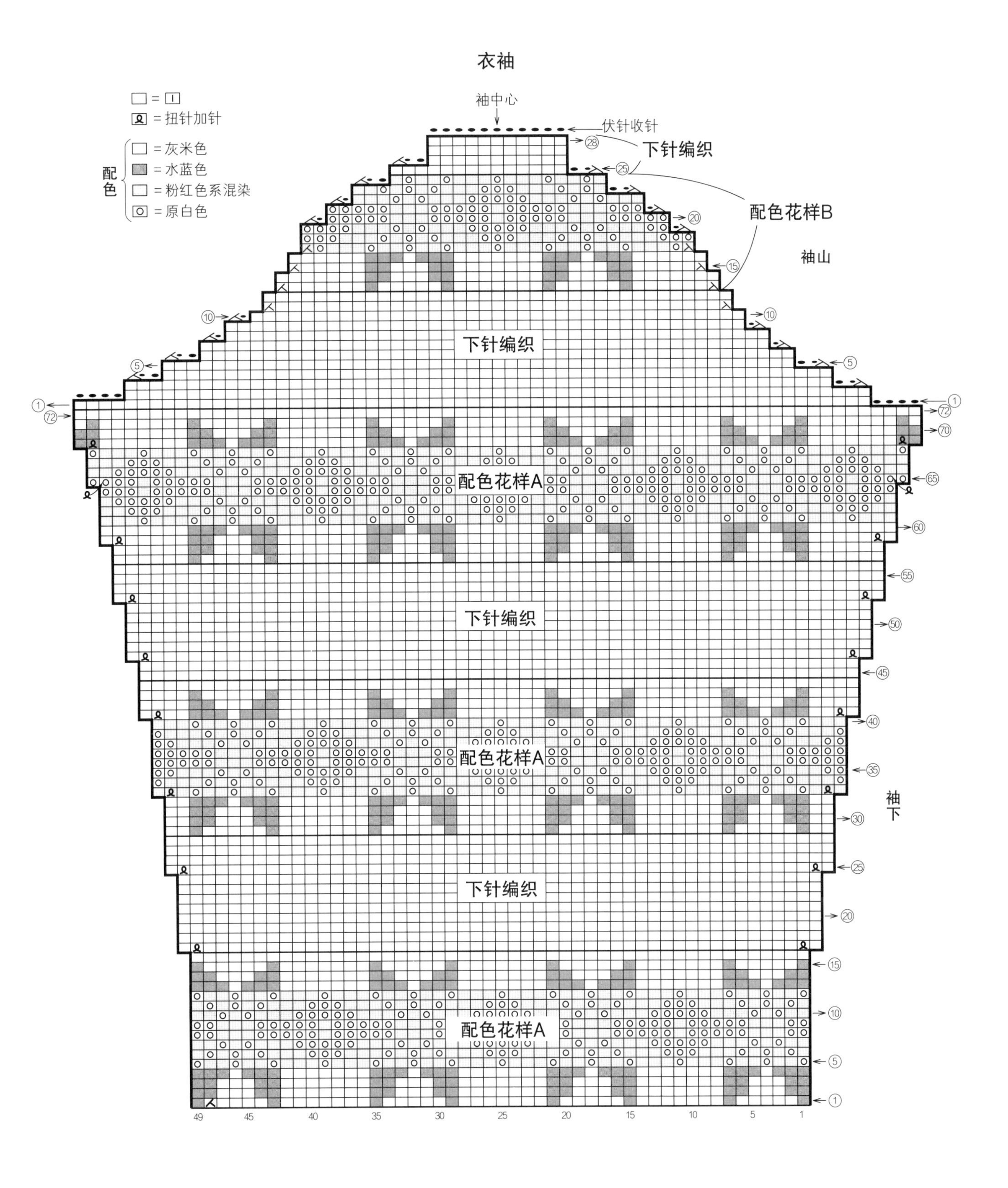

衣袖
□ = 丨
ᴽ = 扭针加针
配色
□ = 灰米色
■ = 水蓝色
□ = 粉红色系混染
○ = 原白色
袖中心
伏针收针
下针编织
配色花样B
袖山
下针编织
配色花样A
下针编织
配色花样A
袖下
下针编织
配色花样A

B | 04页

●**材料**

Princess Anny(粗)原白色(547)315g/8团

Eclatant(极粗)米色(705)130g/3团

●**工具**

棒针9号、6号、5号

●**成品尺寸**

胸围108cm，衣长54cm，连肩袖长73cm

●**编织密度**

10cm×10cm面积内：下针编织16针，25行；编织花样22.5针，30行

●**编织要点**

育克　另线锁针起针，从锁针的里山挑针，开始做下针编织。在领口编入另线，将编织终点的针目做休针处理。

前、后身片　第1行一边从育克挑针一边加针，按编织花样和双罗纹针编织，编织终点做伏针收针。肋部做伏针减针和立起侧边1针的减针。

衣袖　从后身片(■、▲)、育克、前身片(△、□)挑针，按编织花样和双罗纹针编织，编织终点做伏针收针。袖下立起侧边1针减针。

组合　衣领解开另线挑针，环形做下针编织后做伏针收针。胁部、袖下做挑针缝合。

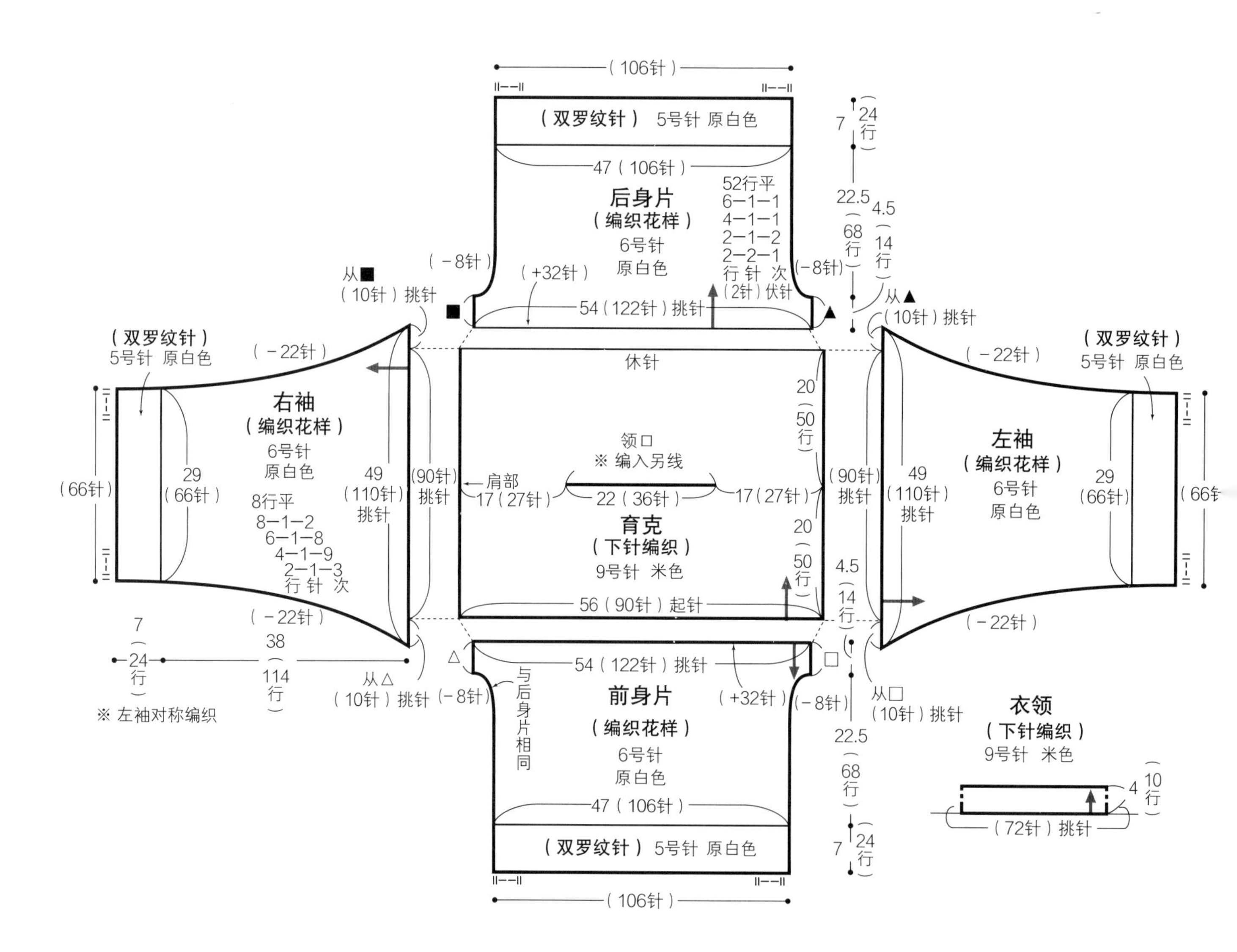

后身片的减针

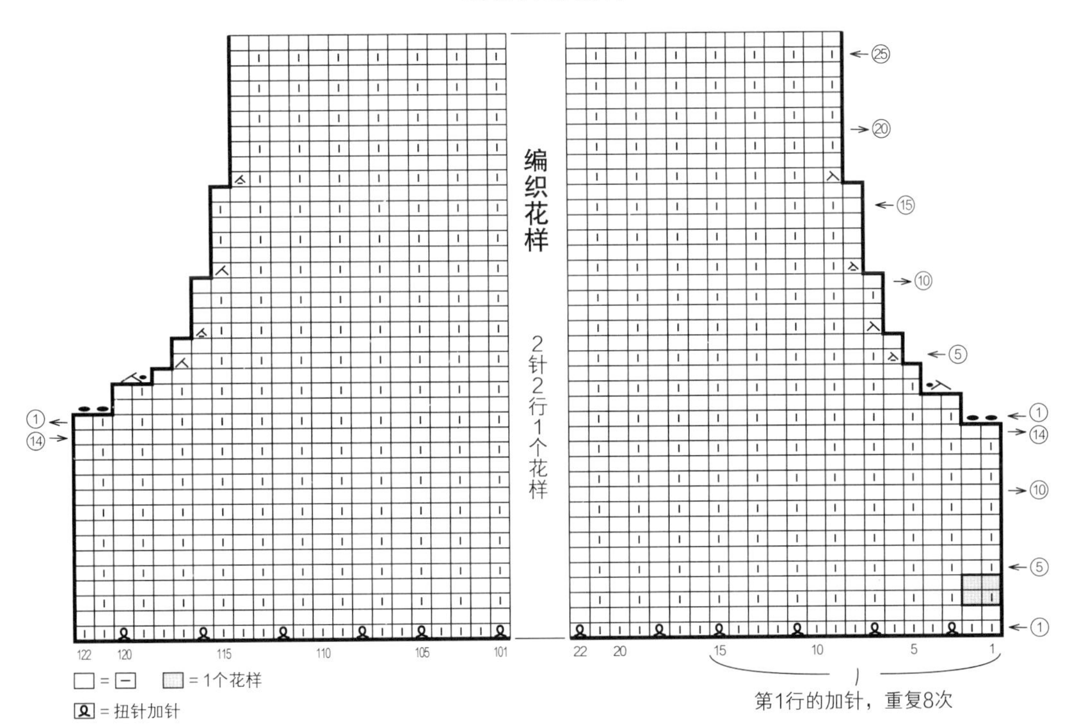

双罗纹针

袖下的减针

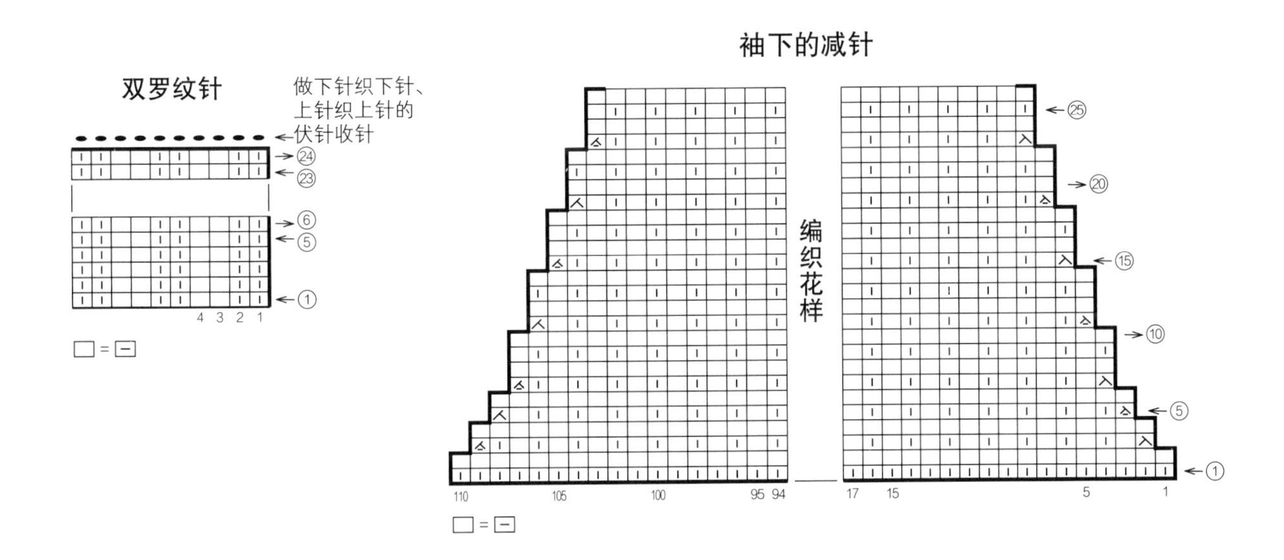

E ｜ 08页

●**材料**

Princess Anny(粗)驼色(508)390g/10团；直径2cm的纽扣5颗

●**工具**

棒针6号

●**成品尺寸**

胸围98cm，肩宽39cm，衣长50cm，袖长52cm

●**编织密度**

10cm×10cm面积内：编织花样24针，32行

●**编织要点**

前、后身片 手指挂线起针后，开始编织下摆的单罗纹针。接着按编织花样编织至肩部。袖窿、领窝做休针、伏针减针和立起侧边1针的减针，然后将肩部的针目做休针处理。

衣袖 起针方法与身片相同，按相同技法编织。袖下一边编织一边加针，袖山做伏针减针和立起侧边1针的减针，编织终点做伏针收针。

组合 肩部将前、后身片正面相对做盖针接合。前门襟从前端挑针编织单罗纹针，在右前门襟留出扣眼，编织终点做伏针收针。衣领挑针后按右前门襟相同技法编织。胁部、袖下做挑针缝合。衣袖与身片之间做引拔缝合。在左前门襟、左前领上缝纽扣。

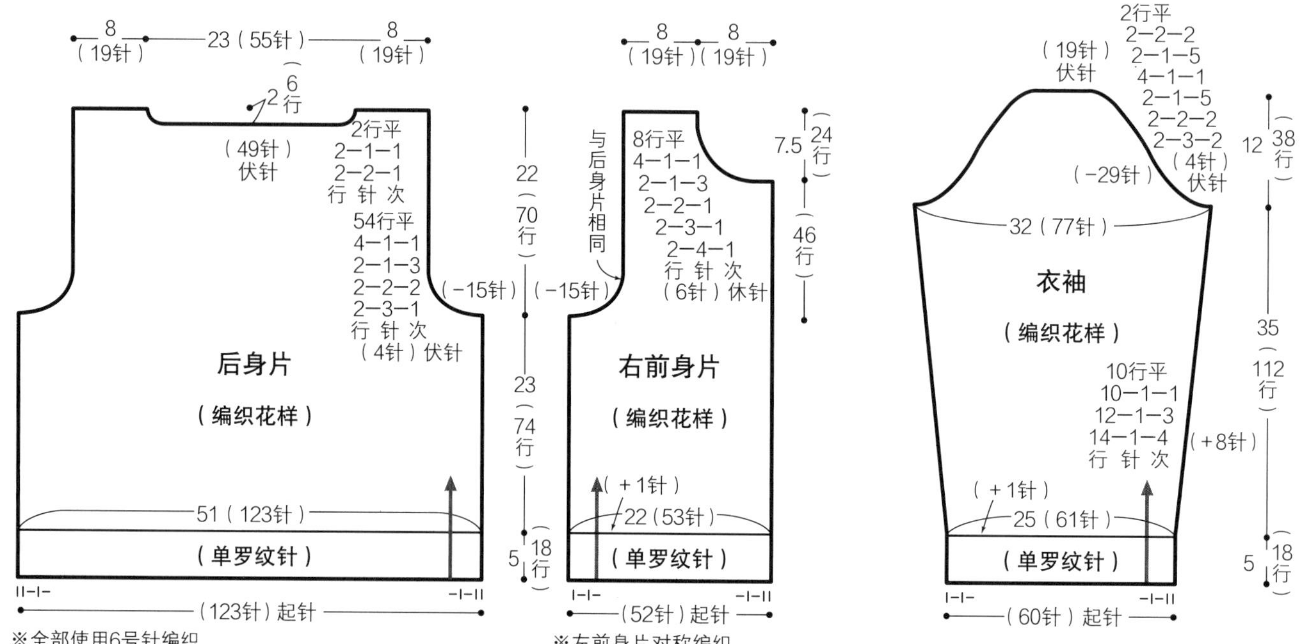

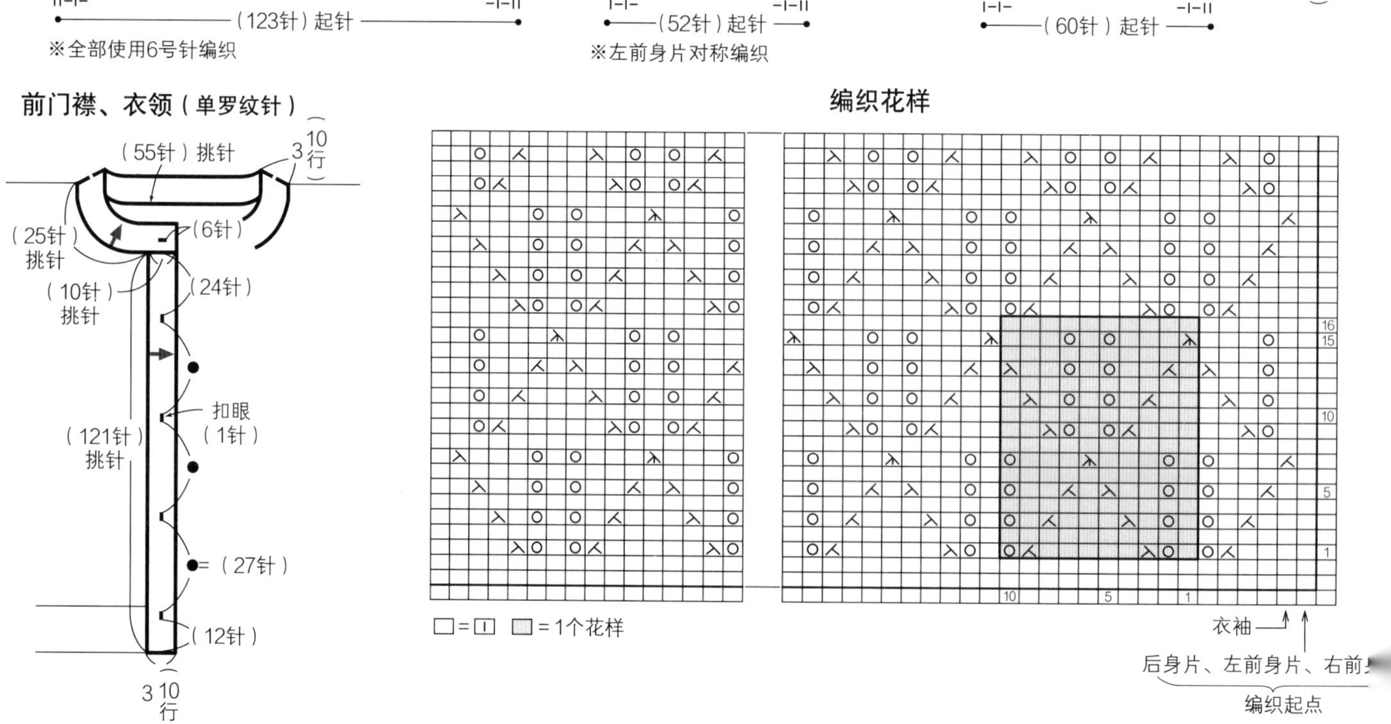

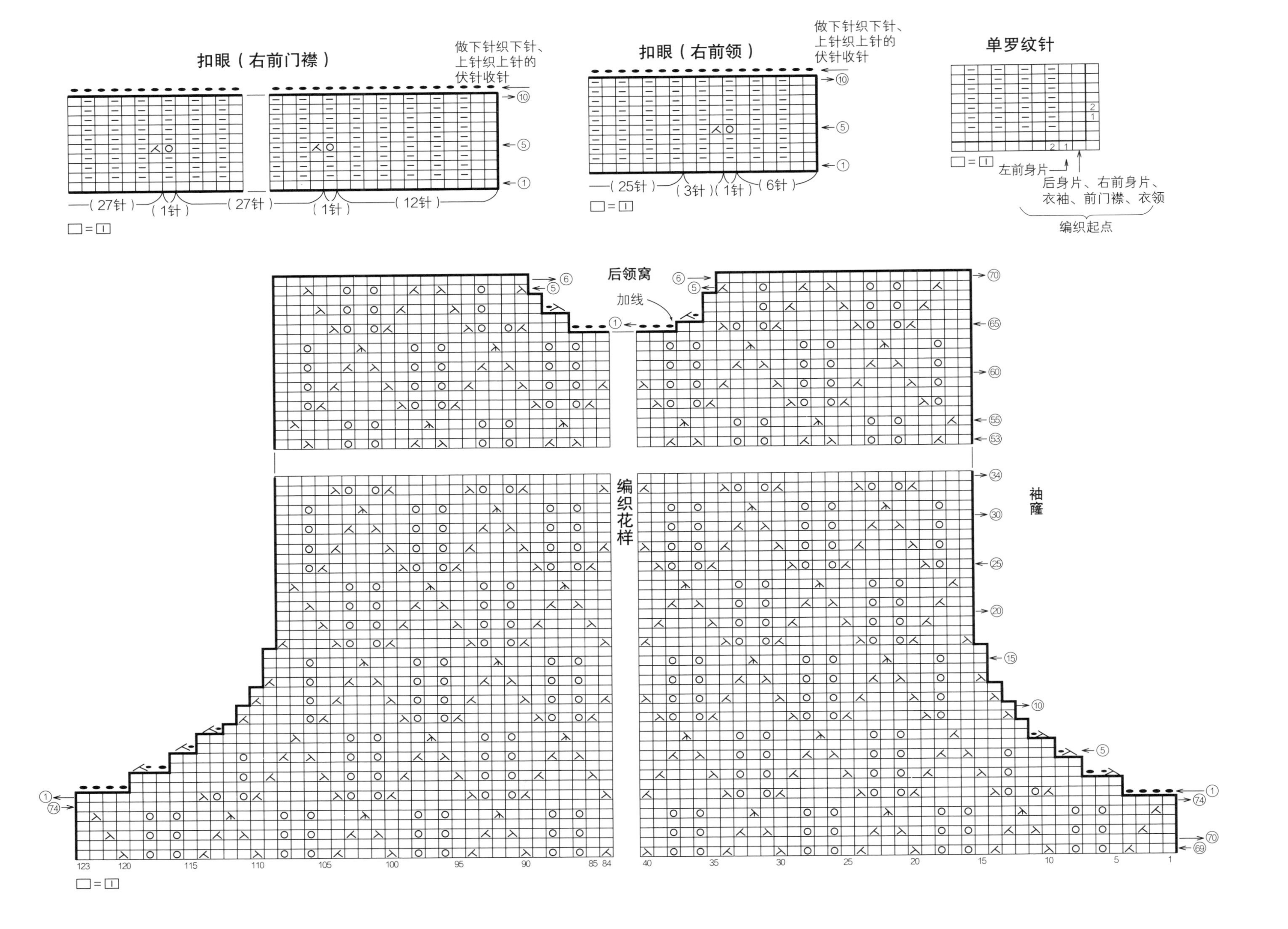

扣眼（右前门襟）
做下针织下针、上针织上针的伏针收针
（27针）
（1针）
（27针）
（1针）
（12针）
□=□
扣眼（右前领）
做下针织下针、上针织上针的伏针收针
（25针）
（3针）
（1针）
（6针）
□=□
单罗纹针
□=□
左前身片
后身片、右前身片、衣袖、前门襟、衣领
编织起点
后领窝
加线
编织花样
袖窿
□=□

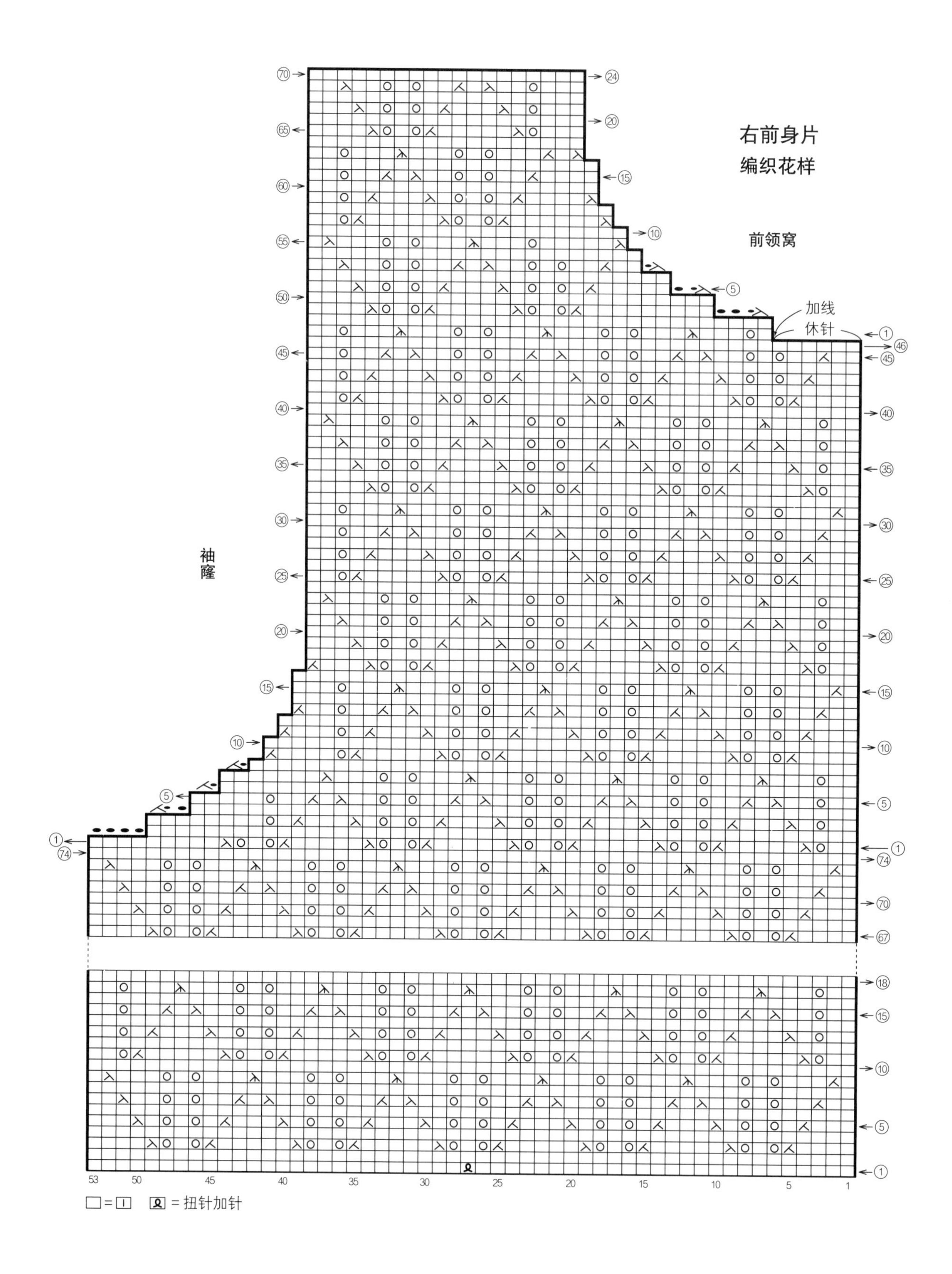
右前身片
编织花样
前领窝
加线
休针
袖窿
□=□
Ջ = 扭针加针

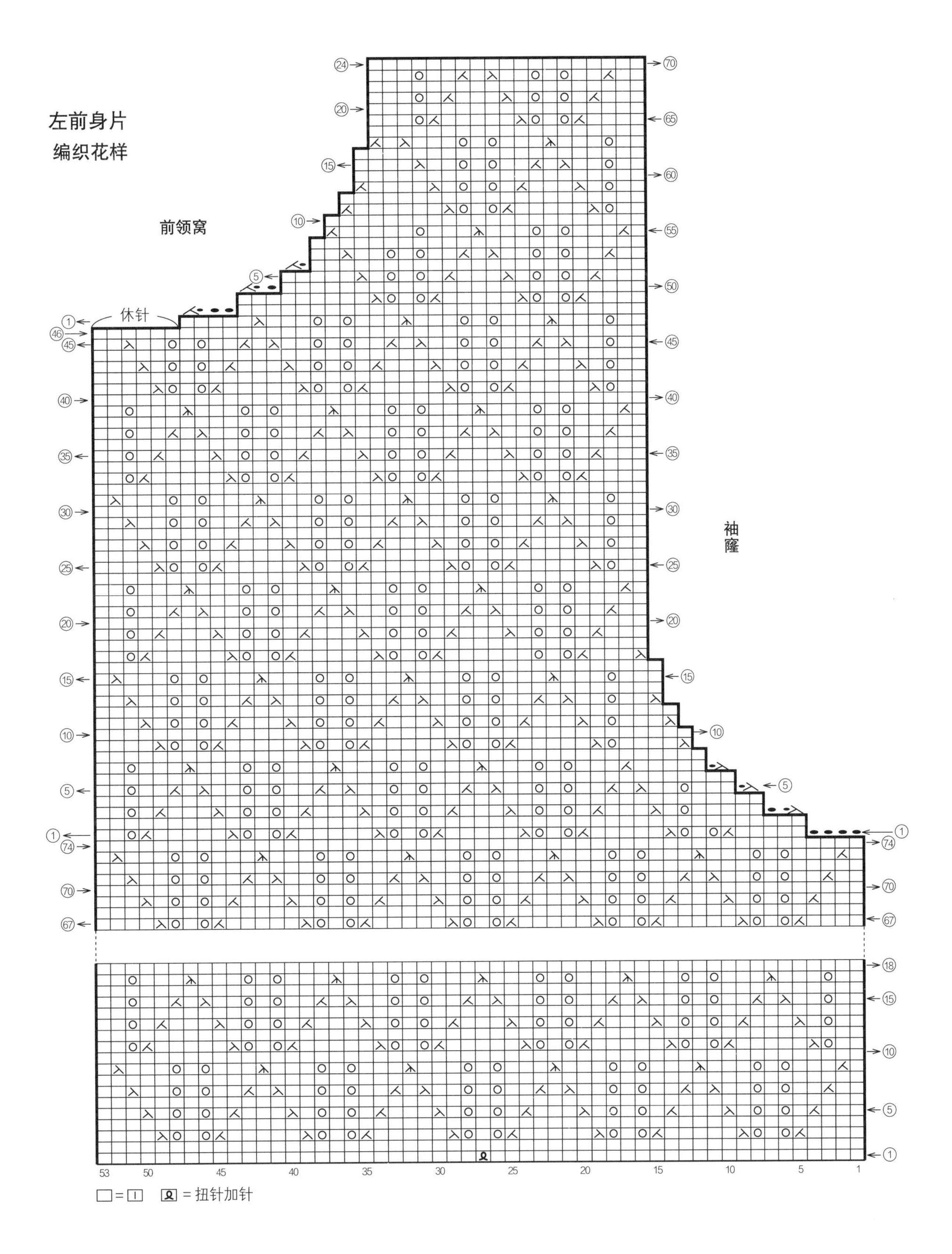
左前身片
编织花样
前领窝
休针
袖窿
□=□
= 扭针加针

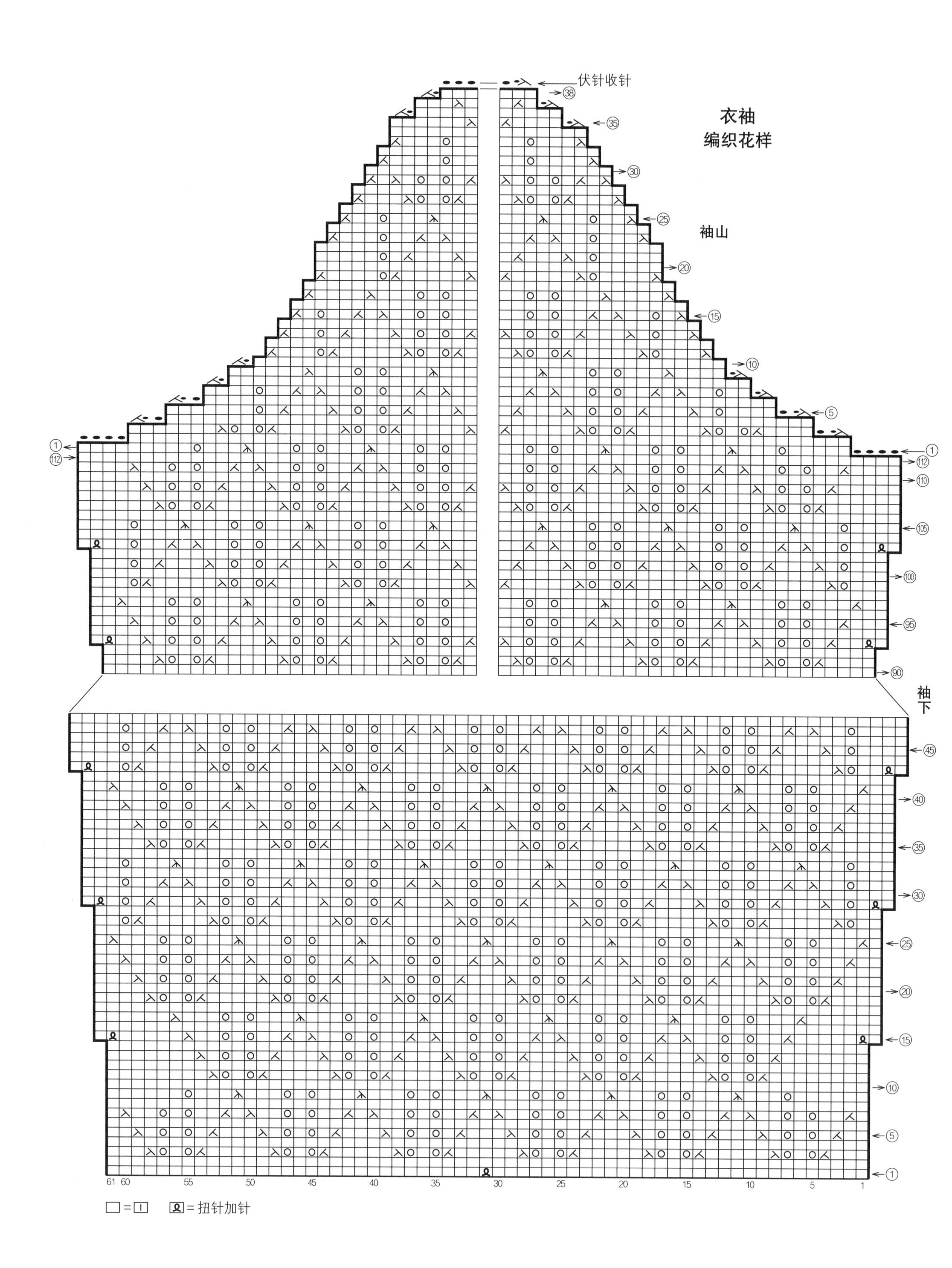

伏针收针
衣袖
编织花样
袖山
袖下
□ = □
Ջ = 扭针加针

F　09页

●材料

Princess Anny（粗）驼色（508）230g/6团

●工具

棒针6号

●成品尺寸

胸围94cm，肩宽39cm，衣长47.5cm

●编织密度

10cm×10cm面积内：编织花样24针，32行

●编织要点

后身片　手指挂线起针后，开始编织下摆的单罗纹针。接着按编织花样编织至肩部。袖窿、领窝做伏针减针和立起侧边1针的减针，然后将肩部的针目做休针处理。

前身片　起针方法与后身片相同，按相同技法编织。不过，前领窝做休针处理。

组合　肩部将前、后身片正面相对做盖针接合，胁部做挑针缝合。衣领、袖口环形编织单罗纹针，编织终点做下针织下针、上针织上针的伏针收针。

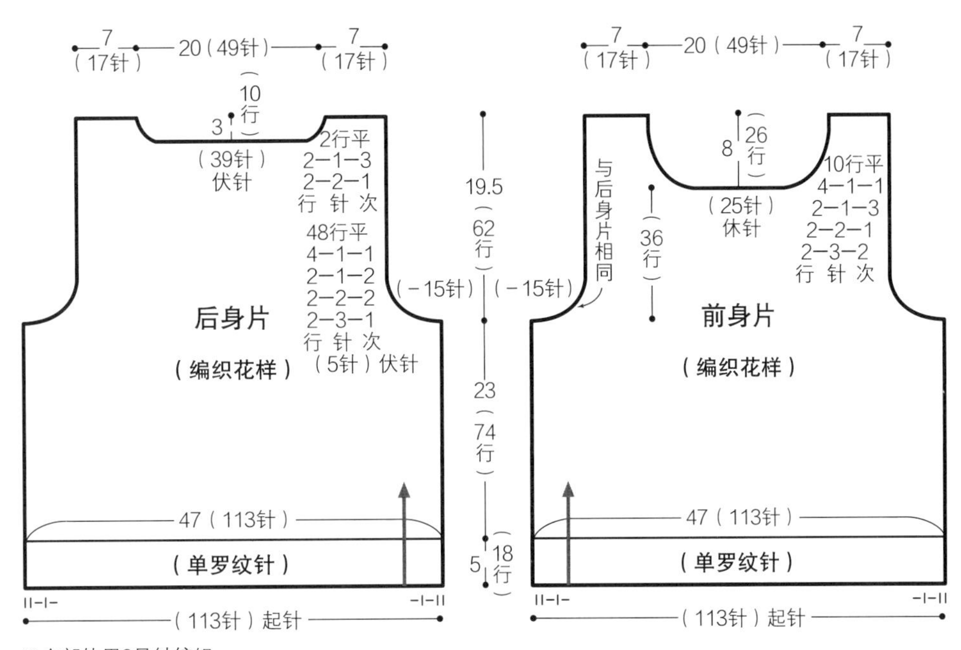

※全部使用6号针编织

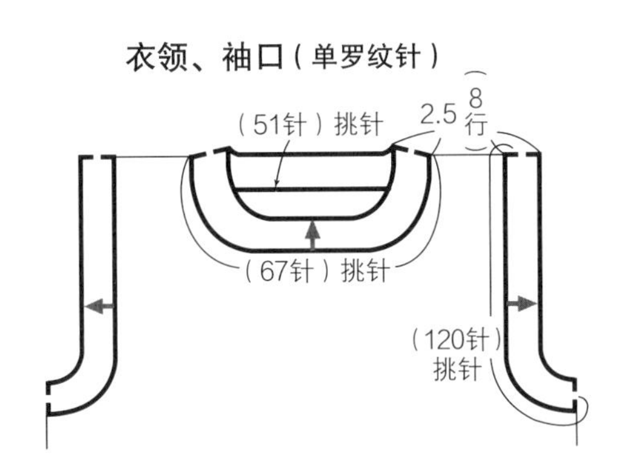

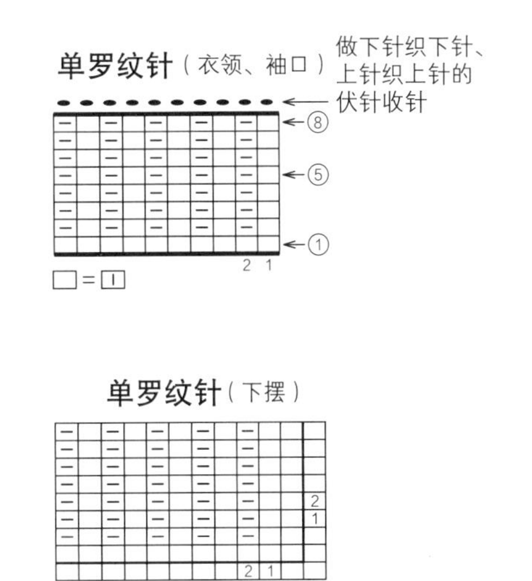

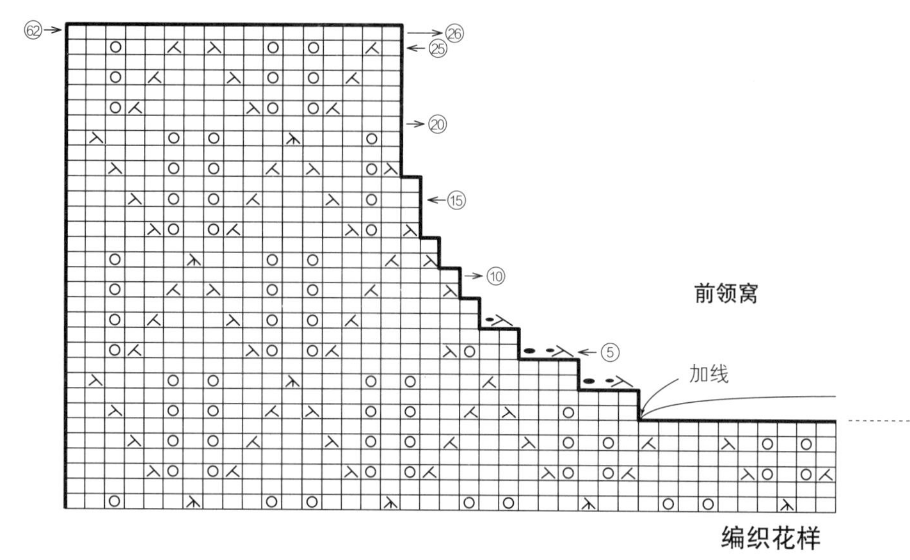

编织花样

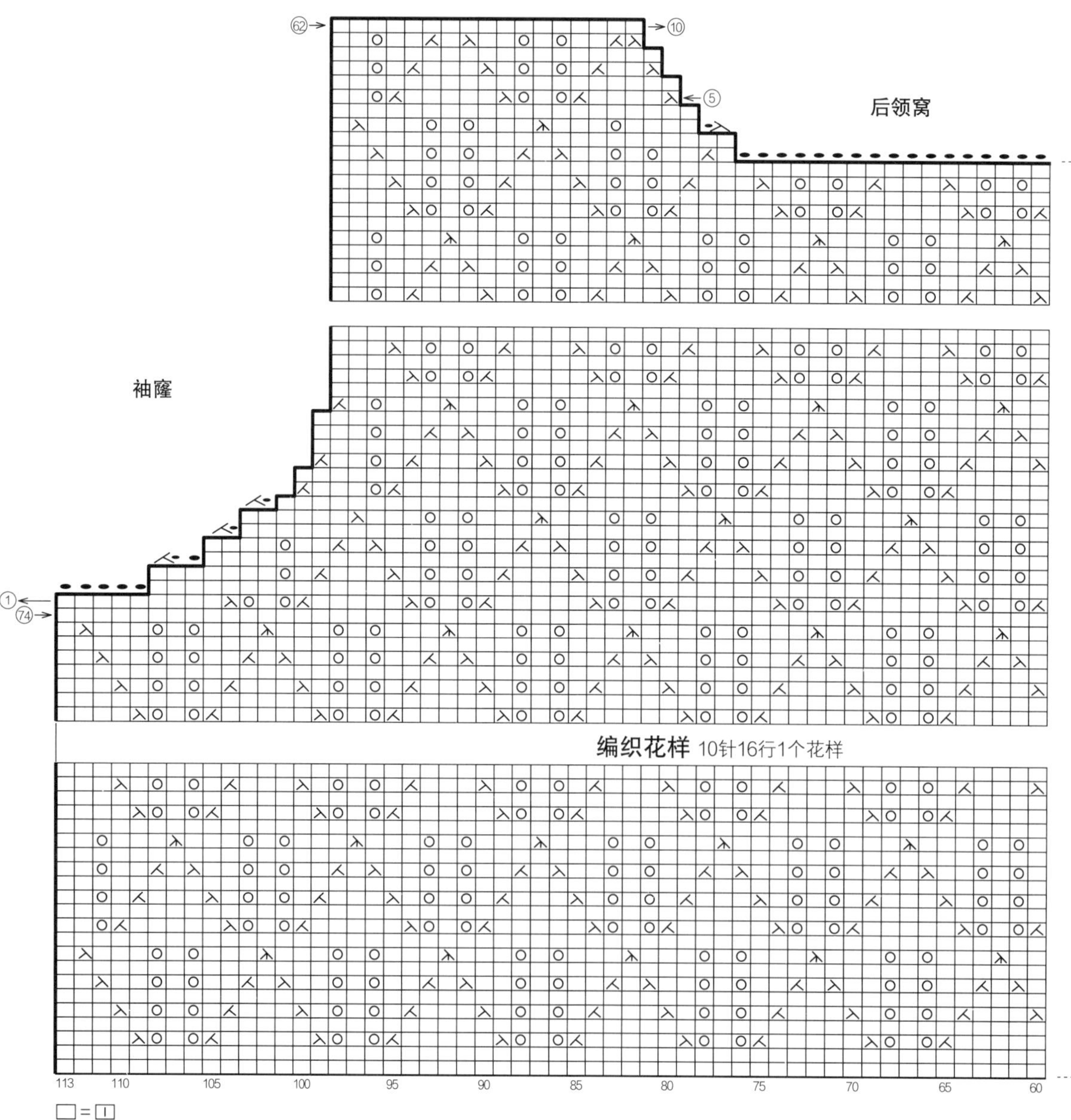

编织花样 10针16行1个花样

□=□

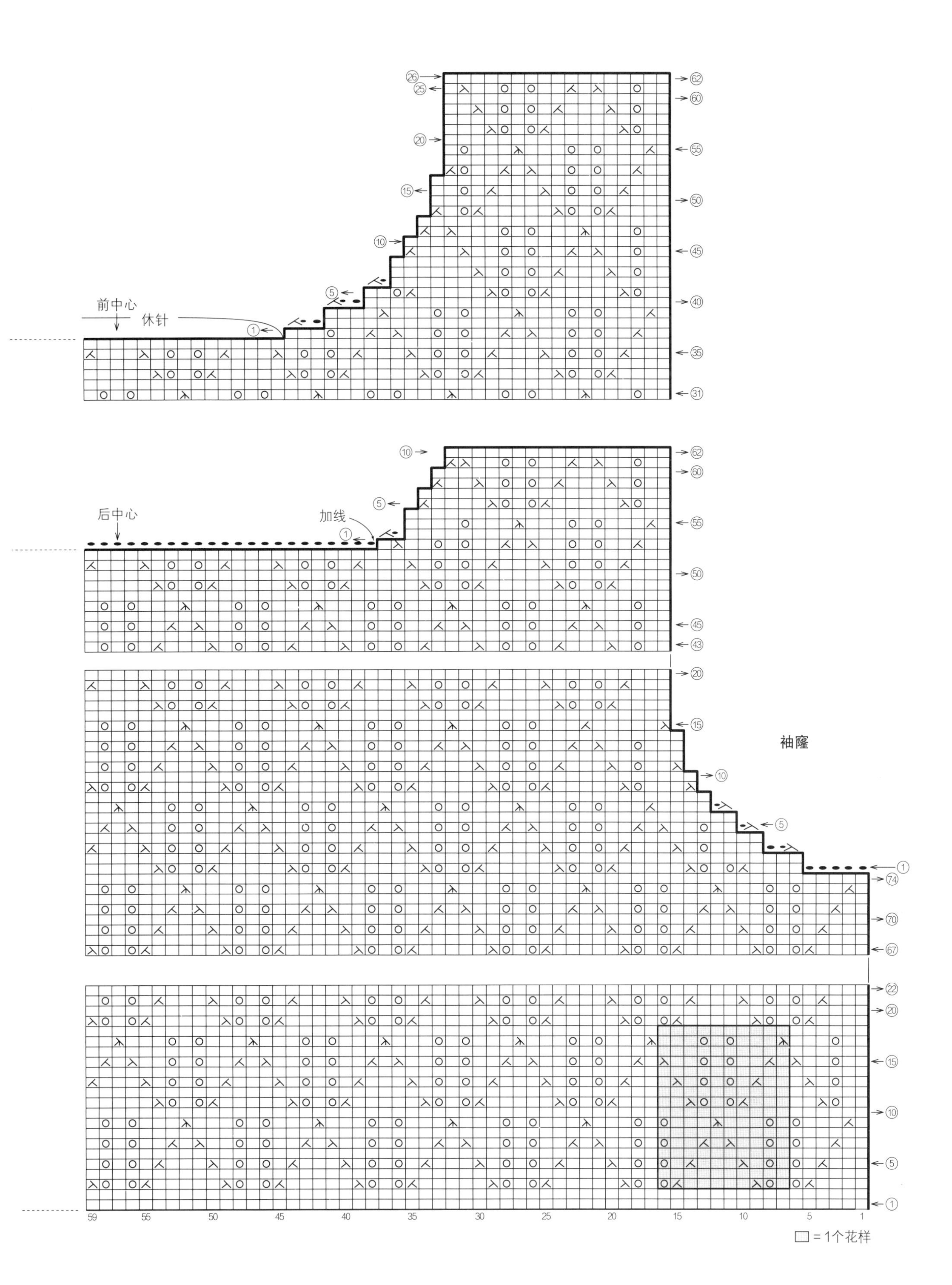

前中心
休针
后中心
加线
袖窿
□ = 1个花样

G | 10页

●材料

Chaska（粗）黑色（80）360g/8团，灰色（41）45g/1团，原白色（10）20g/1团

●工具

棒针5号、4号

●成品尺寸

胸围92cm，衣长48.5cm，连肩袖长70.5cm

●编织密度

10cm×10cm面积内：下针编织、配色花样均为22针，28行

●编织要点

前、后身片 手指挂线起针后连接成环形，开始编织下摆的双罗纹针。接着做下针编织至腋下。将腋下的针目做休针处理，前、后身片分别加上前后差做往返编织，编织终点做休针处理。

衣袖 起针方法与身片相同，连接成环形后按相同技法编织。袖下参照图示加针，编织终点做休针处理。

育克 从前、后身片和衣袖挑针，一边分散减针一边按配色花样环形编织。腋下分别对齐相同标记做下针无缝缝合以及针与行的接合。衣领从育克接着编织双罗纹针，编织终点做下针织下针、上针织上针的伏针收针。

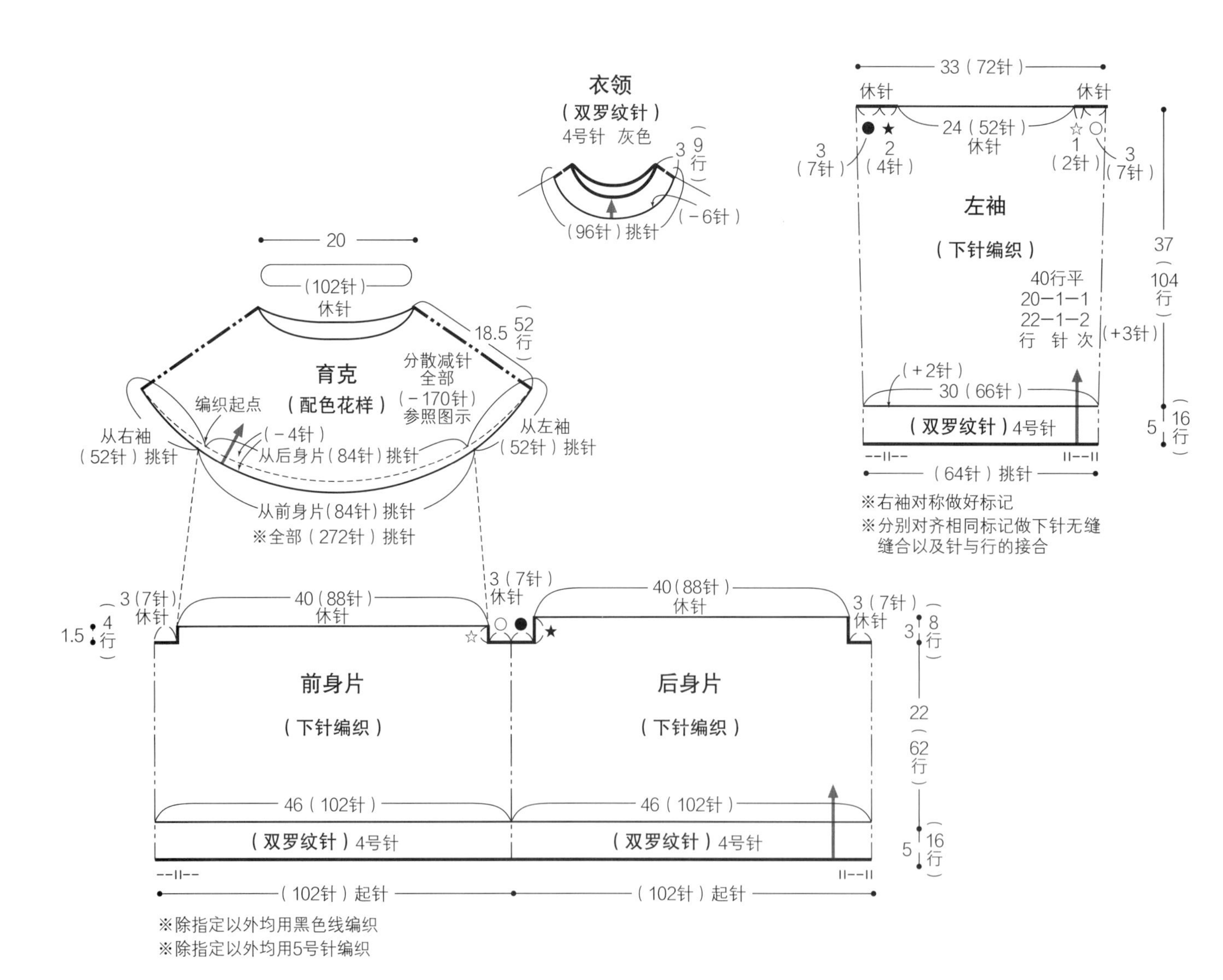

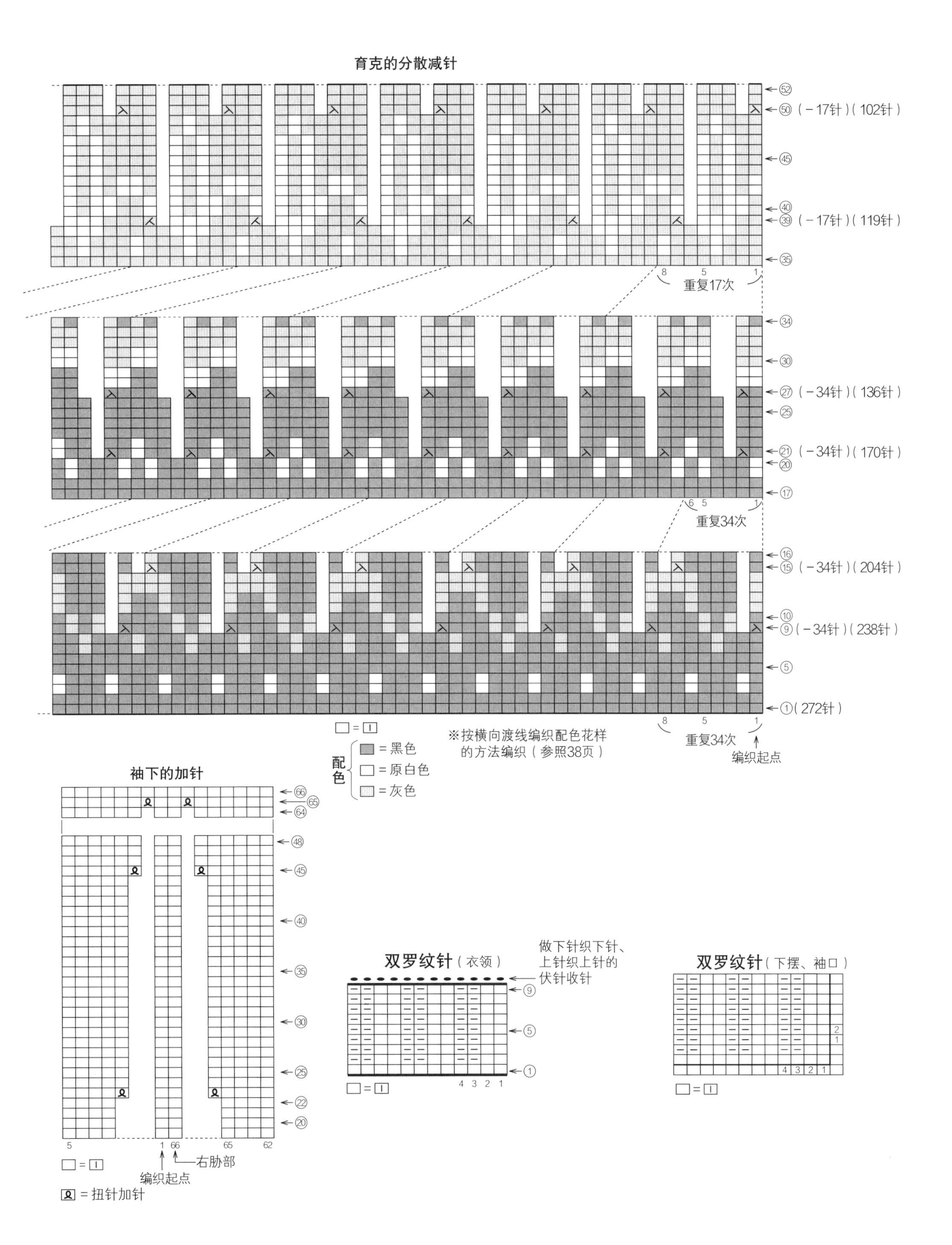
育克的分散减针
52
50（－17针）（102针）
45
40
39（－17针）（119针）
35
8 5 1
重复17次
34
30
27（－34针）（136针）
25
21（－34针）（170针）
20
17
6 5 1
重复34次
16
15（－34针）（204针）
10
9（－34针）（238针）
5
1（272针）
8 5 1
重复34次
编织起点
※按横向渡线编织配色花样的方法编织（参照38页）
配色
＝黑色
＝原白色
＝灰色
袖下的加针
66
65
64
48
45
40
35
30
25
22
20
5
1 66
65
62
右胁部
编织起点
＝扭针加针
双罗纹针（衣领）
做下针织下针、上针织上针的伏针收针
9
5
1
4 3 2 1
双罗纹针（下摆、袖口）
2
1
4 3 2 1

I ｜12、13页

●**材料**

L' incanto no.9(极粗)原白色(901)430g/9团

●**工具**

棒针 11号

●**成品尺寸**

胸围 100cm，衣长 53.5cm，连肩袖长 69.5cm

●**编织密度**

10cm×10cm面积内：下针编织 16.5针，22行；编织花样 18针，23行

●**编织要点**

前、后身片　手指挂线起针后，开始编织下摆的双罗纹针，接着做下针编织。将腋下的6针做休针处理，插肩线参照图示减针。前领窝做休针、伏针减针和立起侧边 1针的减针，编织终点做伏针收针。

衣袖　右袖的起针方法与身片相同，先编织双罗纹针，接着按编织花样编织。袖下在 1针内侧做扭针加针。插肩线参照图示减针。左袖与右袖对称编织。

组合　胁部、袖下、插肩线做挑针缝合，腋下的 6针做下针无缝缝合。衣领环形编织双罗纹针，编织终点做下针织下针、上针织上针的伏针收针。

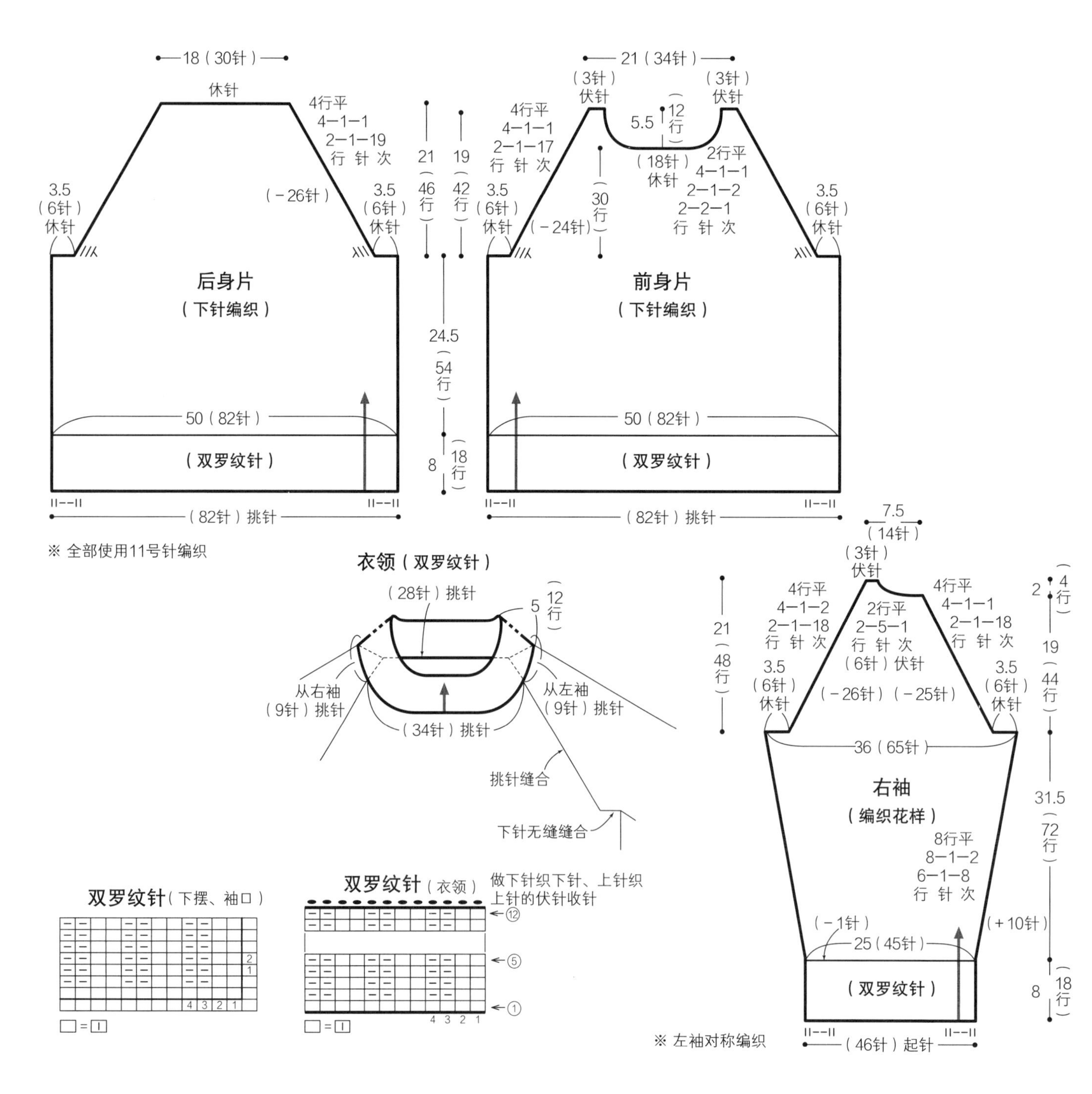

后身片的插肩线

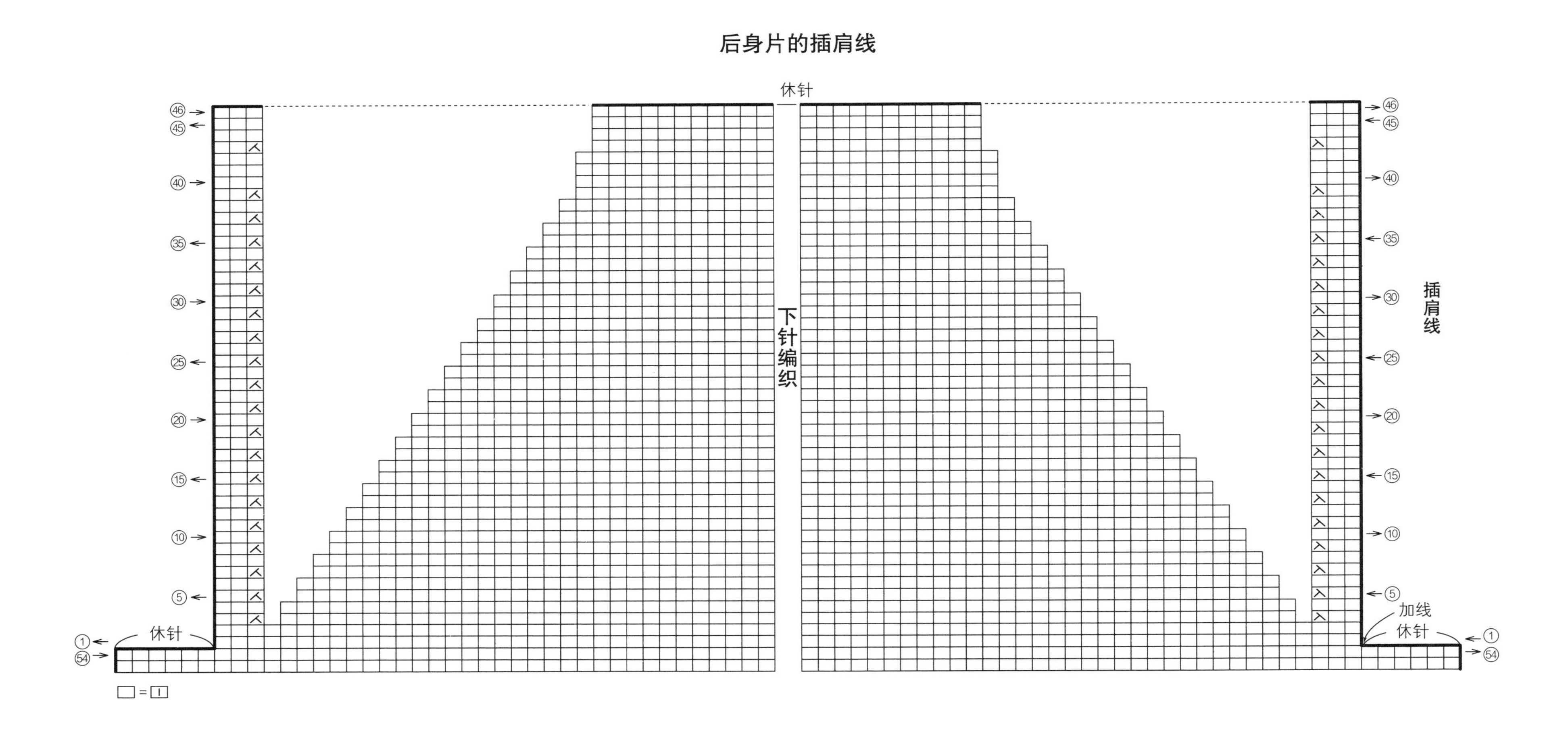

前身片的插肩线和前领窝

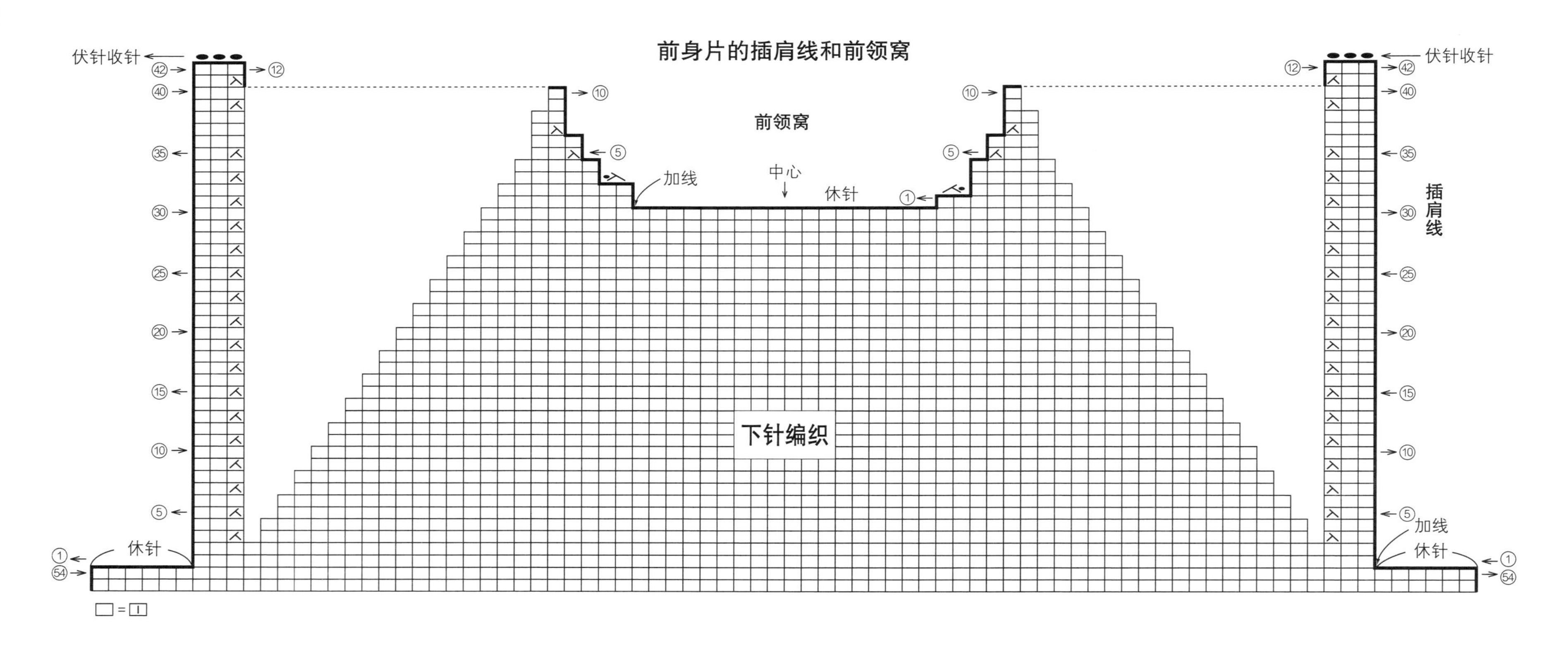

左袖

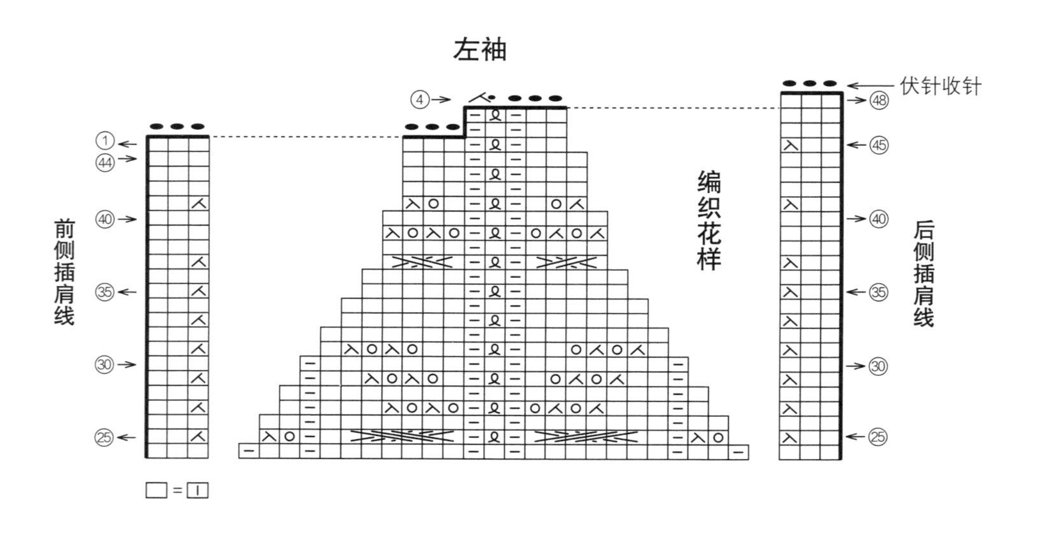

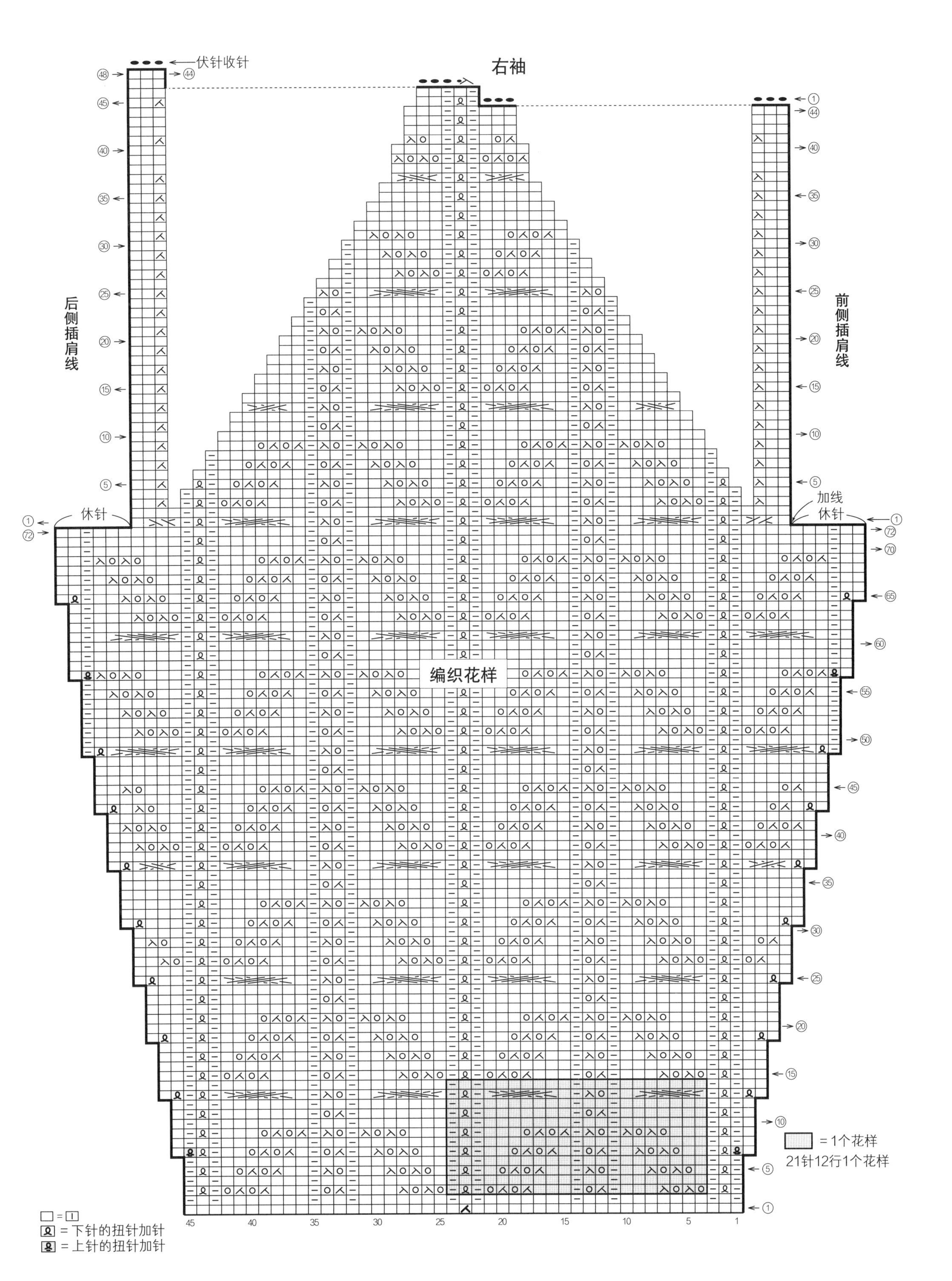

右袖
伏针收针
后侧插肩线
前侧插肩线
休针
加线
休针
编织花样
= 1个花样
21针12行1个花样
□ = ⊟
= 下针的扭针加针
= 上针的扭针加针

C | 05页

●材料

Eclatant(极粗)蓝灰色(703)240g/5团

●工具

棒针6号 ※4根1组的棒针，或者环形针

●成品尺寸

胸围96cm，衣长50cm，肩宽31cm

●编织密度

10cm×10cm面积内：下针编织17针，28行

●编织要点

手指挂线起针后连接成环形，前、后身片连起来做84行下针编织至腋下。接着分成4片分别做往返编织，袖窿、领窝立起侧边1针减针。后身片的编织终点做休针处理。前身片接着编织肩带，编织终点做休针处理，再与后身片的相同标记对齐做下针无缝缝合。

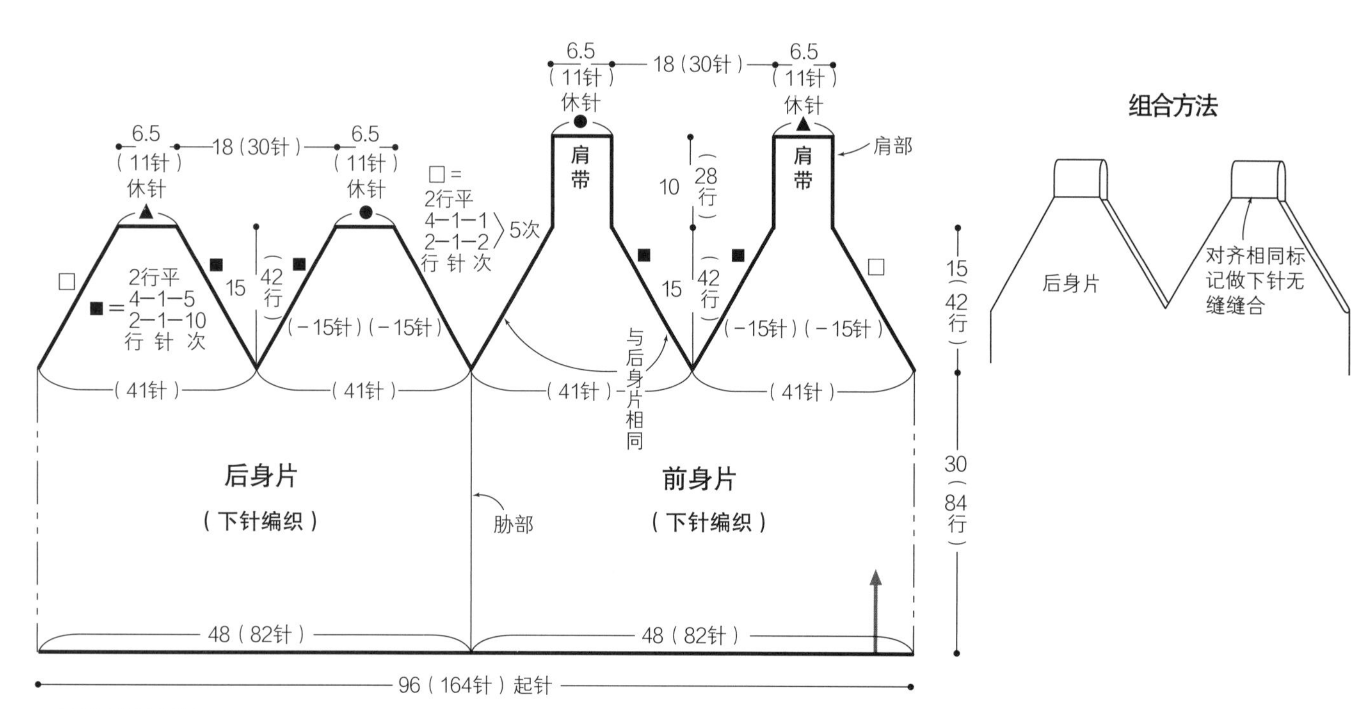

※全部使用6号针编织

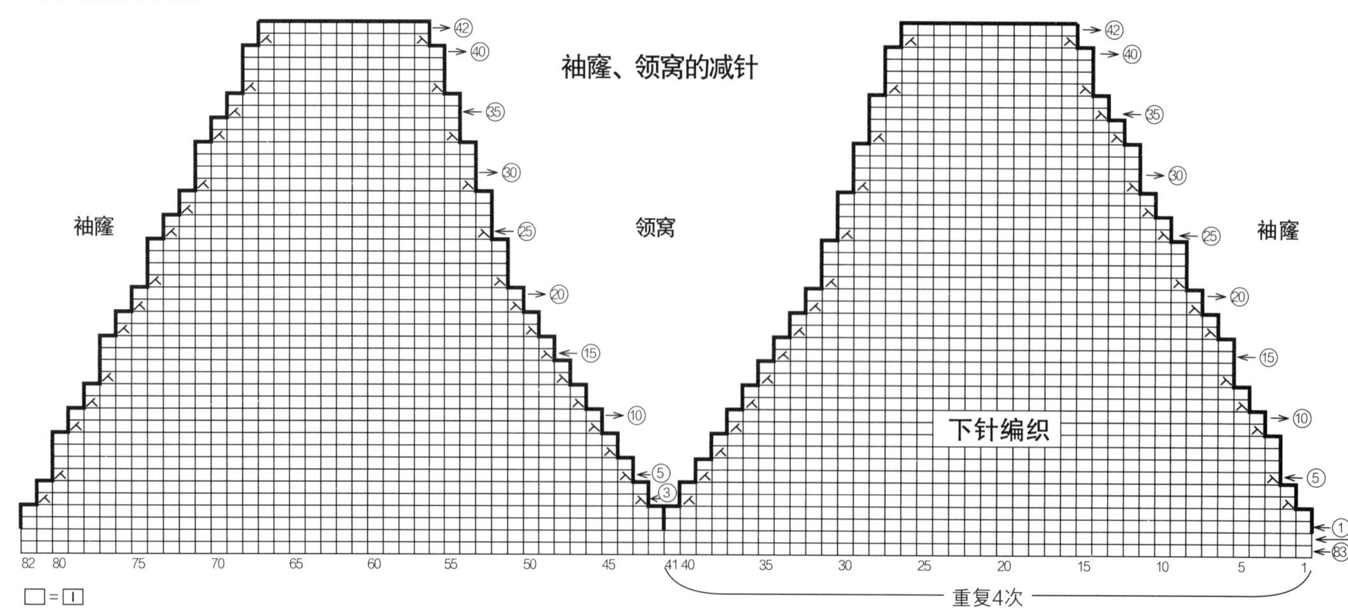

J | 14页

●材料

British Eroika(极粗)灰色(199)245g/5团，象牙白色(134)180g/4团，蓝色(207)55g/2团

●工具

棒针 9号

●成品尺寸

胸围 102cm，衣长 51cm，肩宽 41cm，袖长 50cm

●编织密度

10cm×10cm面积内：配色花样 A、B均为 16.5针，21行

●编织要点

前、后身片 手指挂线起针后，开始编织下摆的双罗纹针。接着按配色花样 A、B编织。袖窿做伏针减针，领窝做伏针减针和立起侧边 1针的减针。肩部做引返编织，然后将肩部的针目做休针处理。

衣袖 起针方法与身片相同，按相同技法编织，袖下在 1针内侧加针。在最后一行的针目里穿线收针。

组合 肩部将前、后身片正面相对做盖针接合。衣领环形编织起伏针和双罗纹针后做伏针收针。衣袖与身片之间做引拔缝合以及针与行的接合。胁部、袖下做挑针缝合。

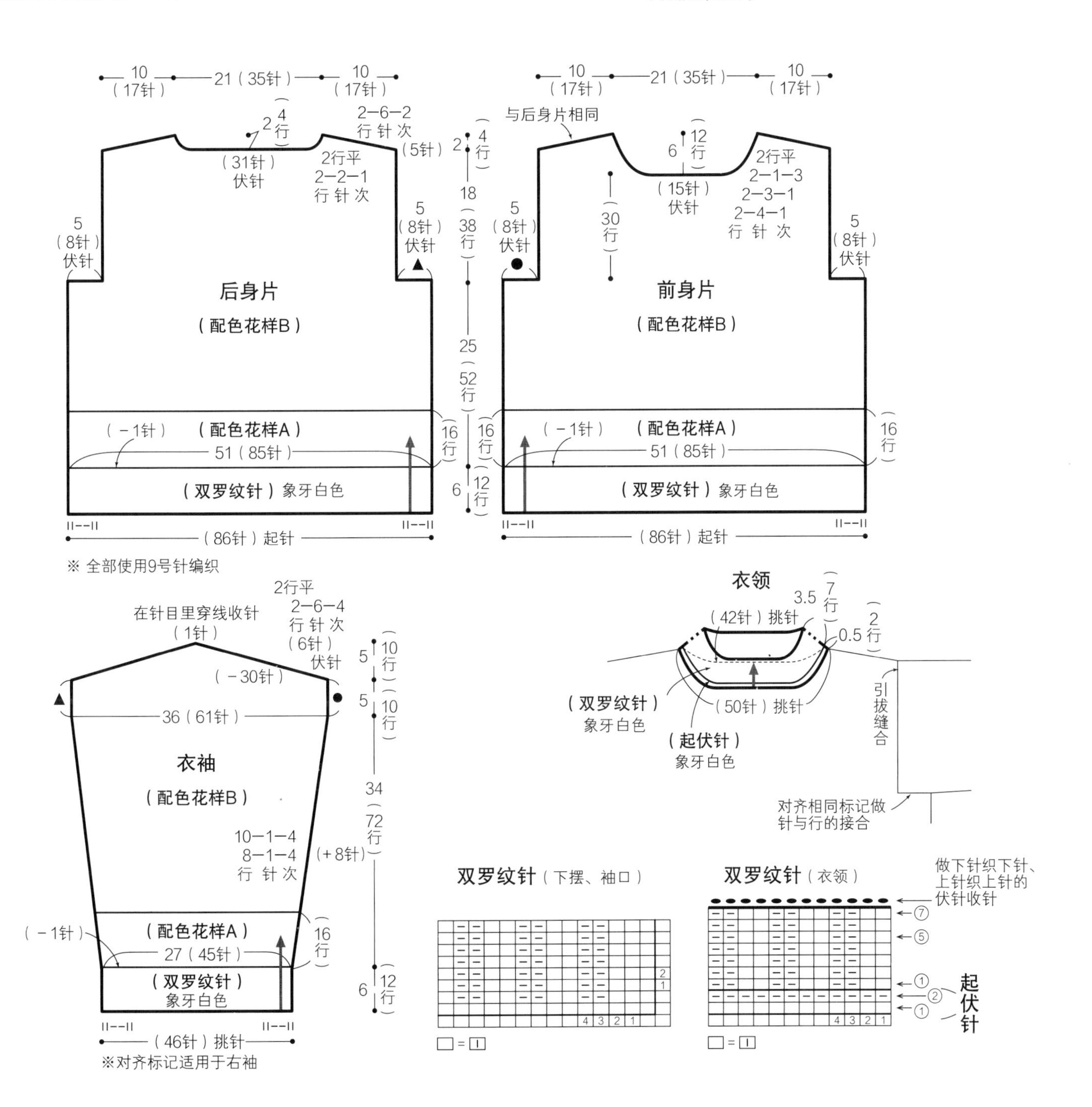

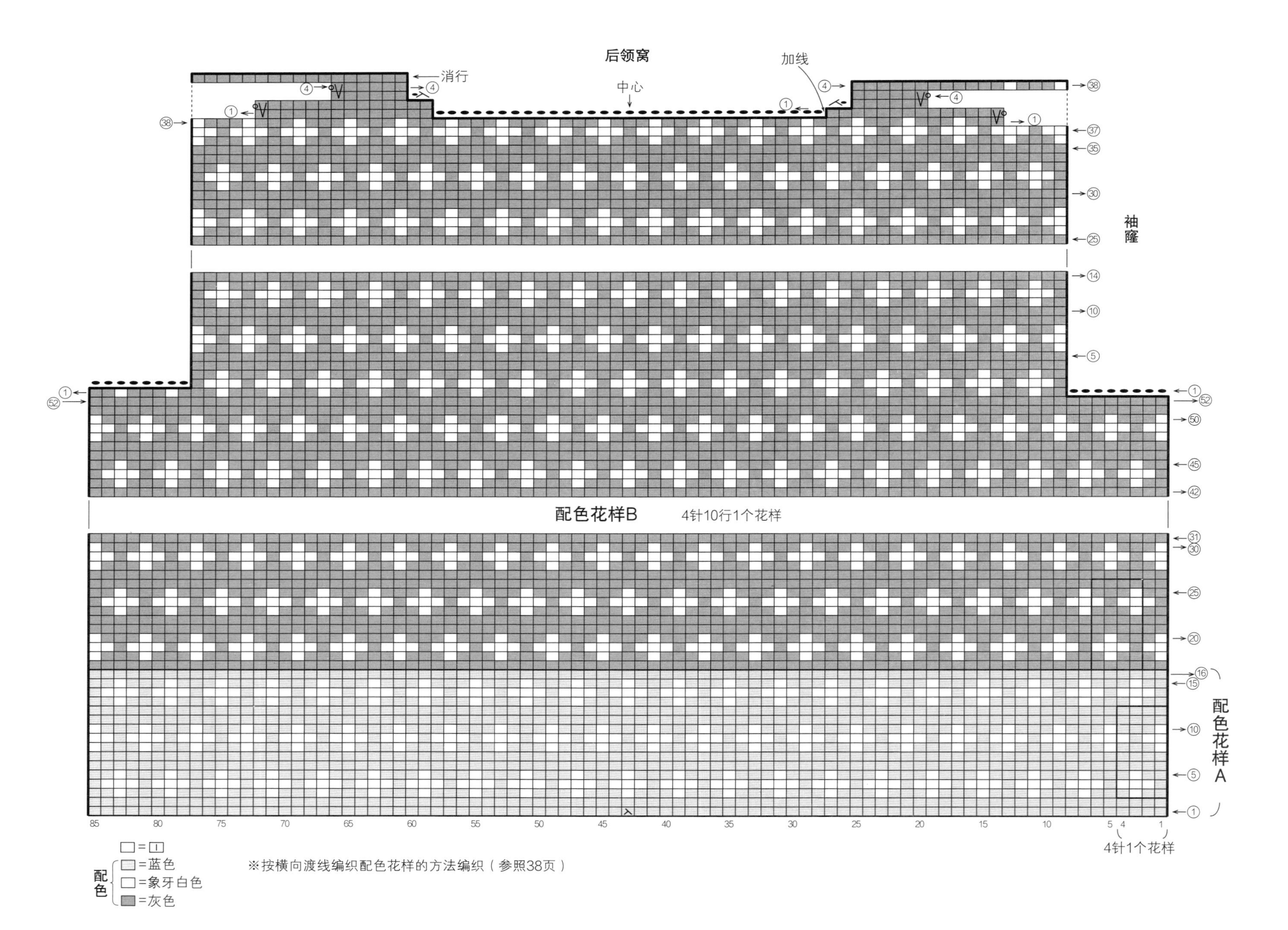

※按横向渡线编织配色花样的方法编织（参照38页）

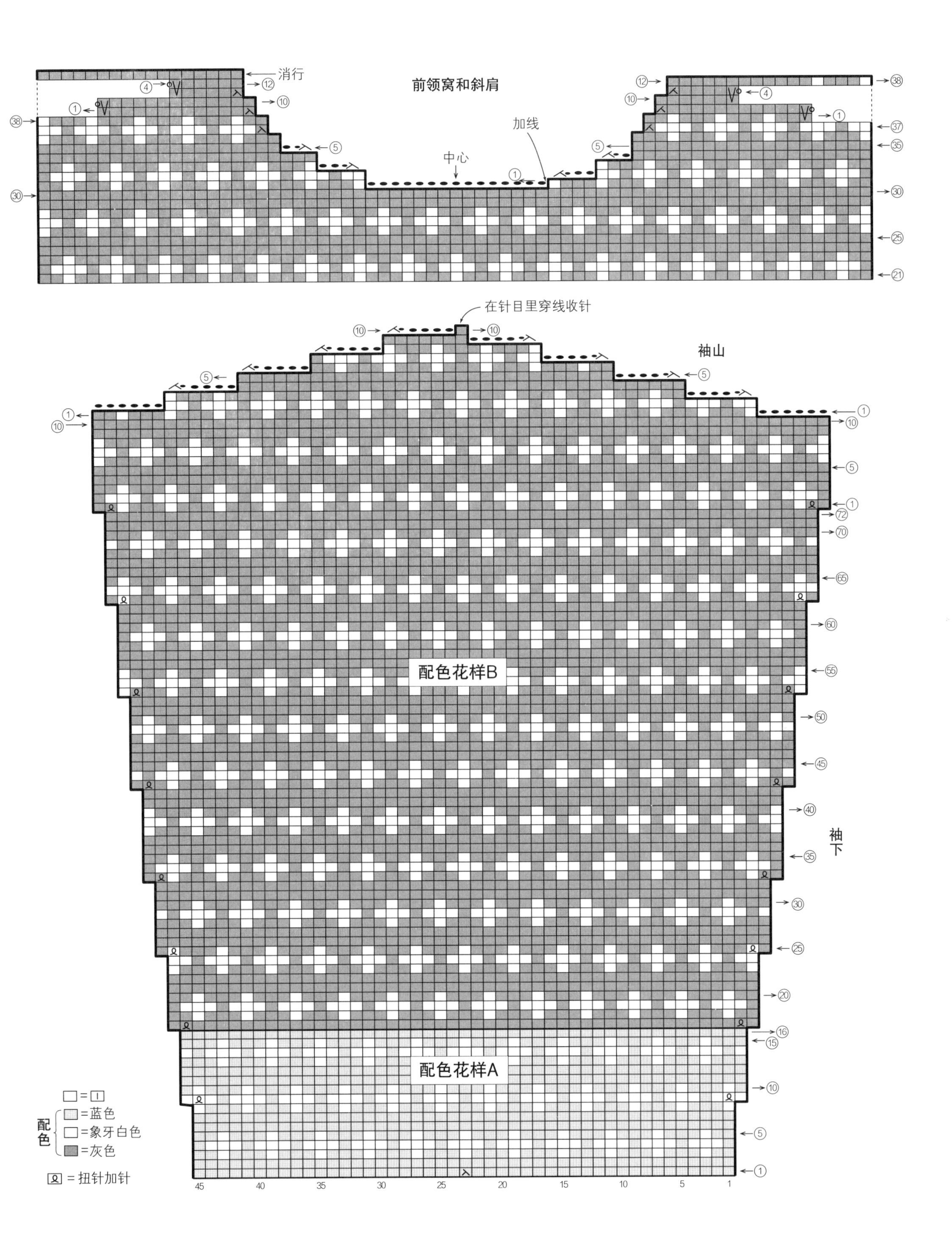

前领窝和斜肩
消行
加线
中心
在针目里穿线收针
袖山
配色花样B
袖下
配色花样A
□=▯
配色
▒=蓝色
□=象牙白色
■=灰色
⍝=扭针加针

K | 15页

●材料

Soft Donegal（中粗）棕色（5218）310g/8团

●工具

棒针 10号

●成品尺寸

胸围 100cm，衣长 56.5cm，连肩袖长 25cm

●编织密度

10cm×10cm面积内：上针编织 16针，24行；编织花样 B 19.5针，24行

●编织要点

前、后身片 手指挂线起针后，开始编织下摆的单罗纹针。接着做单罗纹针、编织花样 A、编织花样 B 和上针编织。领窝做休针、伏针减针和立起侧边 1 针的减针，肩部做引返编织，然后将肩部的针目做休针处理。

组合 肩部将前、后身片正面相对做盖针接合，胁部从反面做挑针缝合。衣领环形编织单罗纹针，编织终点松松地做伏针收针，向内侧翻折后做斜针缝。

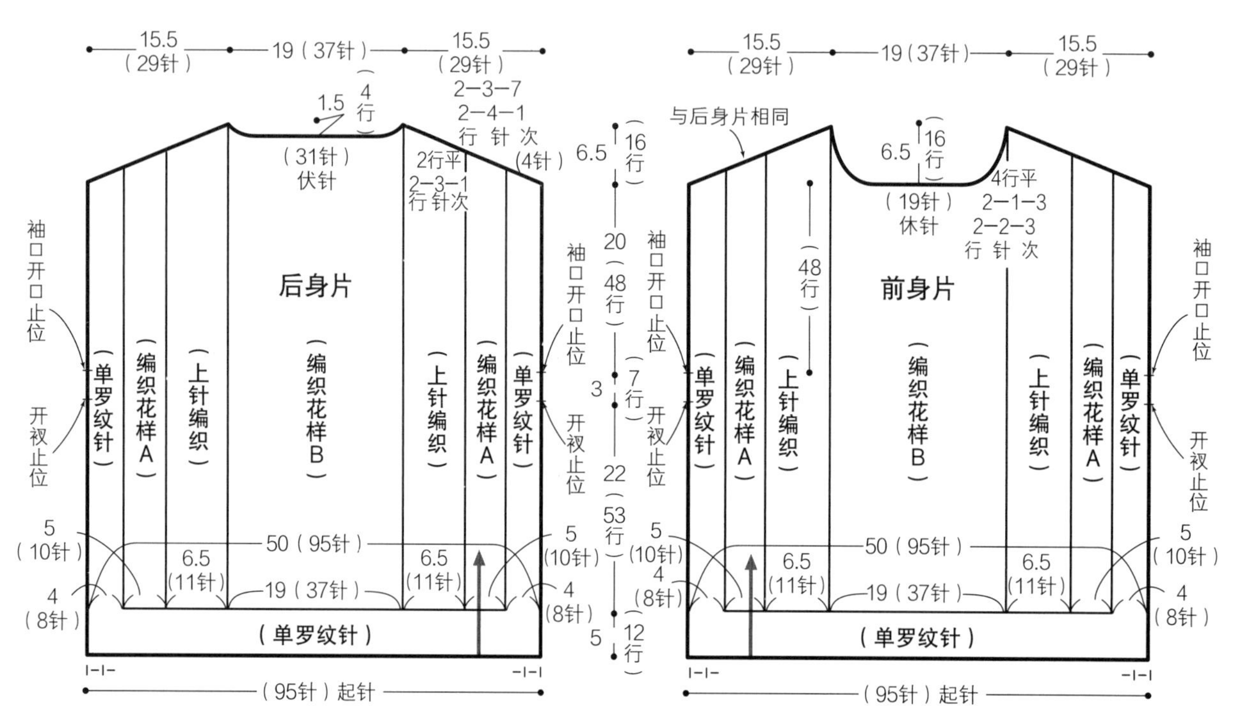

※ 全部使用10号针编织

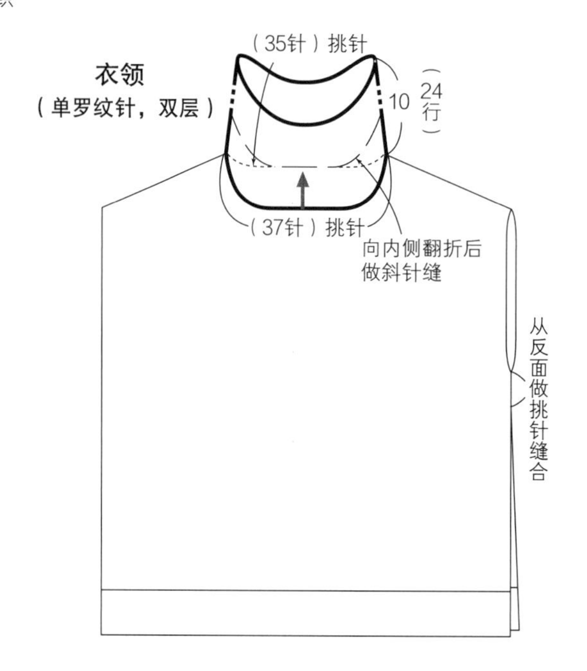

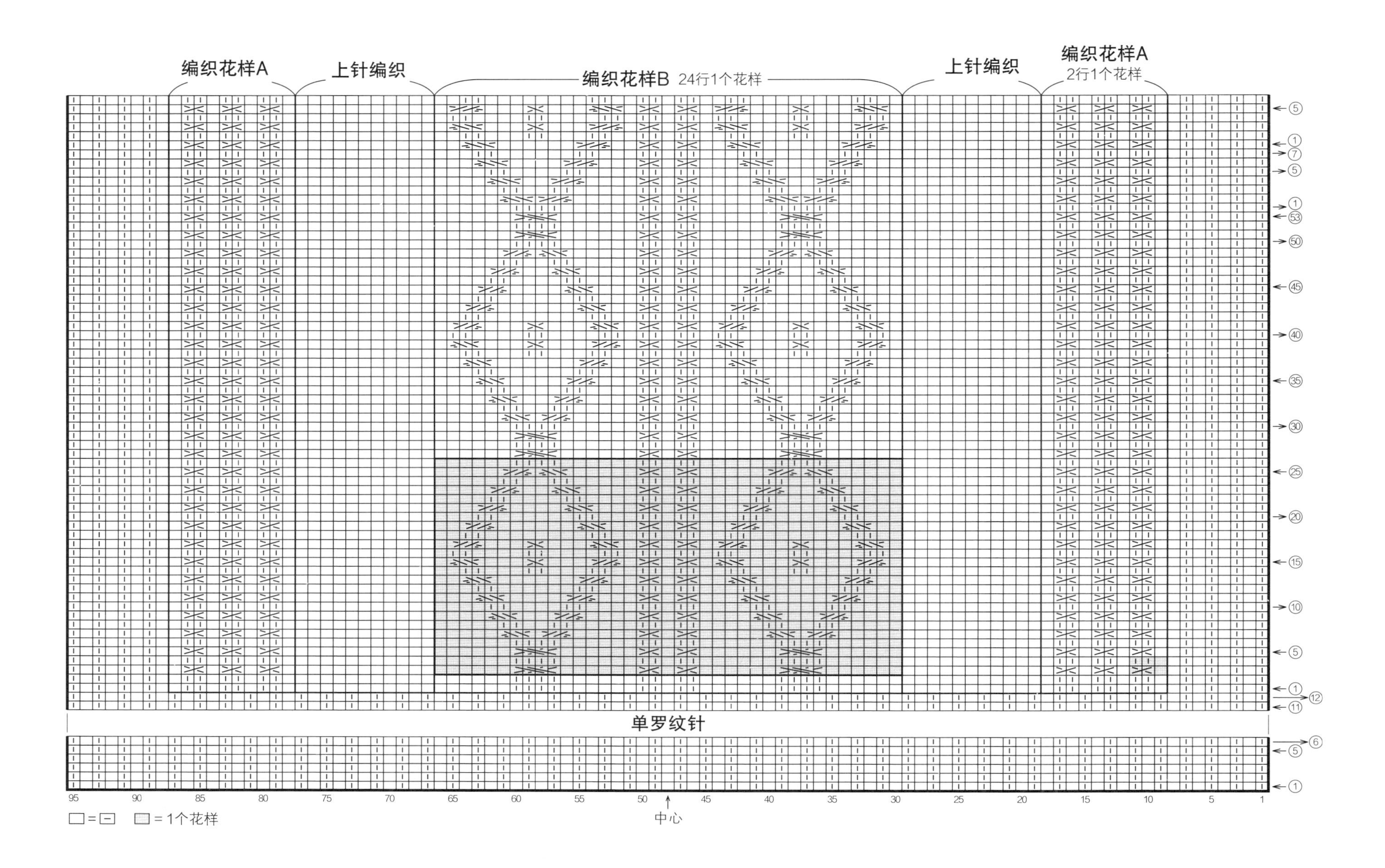
编织花样A
上针编织
编织花样B 24行1个花样
上针编织
编织花样A
2行1个花样
单罗纹针
中心
□=□
▒=1个花样

后领窝和斜肩

前领窝和斜肩

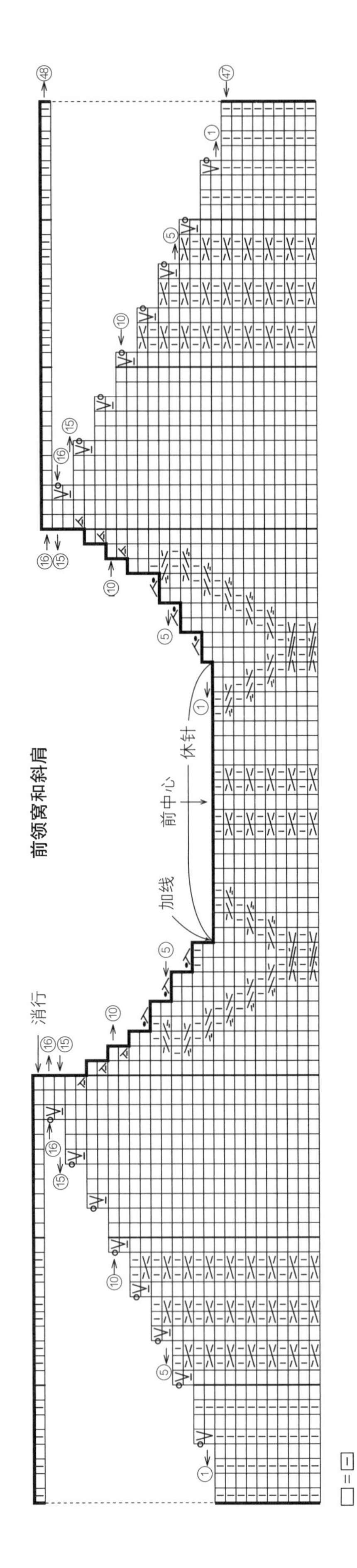

N | 18页

●材料

a Chaska(粗)原白色(10)130g/3团
Eclatant(极粗)翠蓝色(707)15g/1团
b Chaska(粗)米褐色(50)130g/3团
Eclatant(极粗)粉红色(702)15g/1团

●工具

棒针5号

●成品尺寸

参照图示

●编织密度

10cm×10cm面积内:下针编织(Chaska线)22针，29行

●编织要点

用Chaska线手指挂线起针后，开始编织60行单罗纹针，两端分别将6针做伏针收针。接着做56行下针编织，中心立起4针减针。将编织终点(标记▲)正面朝内对齐做引拔接合。用Eclatant线从下针编织的两端挑针，在兜帽边缘做下针编织，编织终点做伏针收针。用Chaska线在单罗纹针部分做挑针缝合连接成环形，兜帽边缘的下端做卷针缝合。

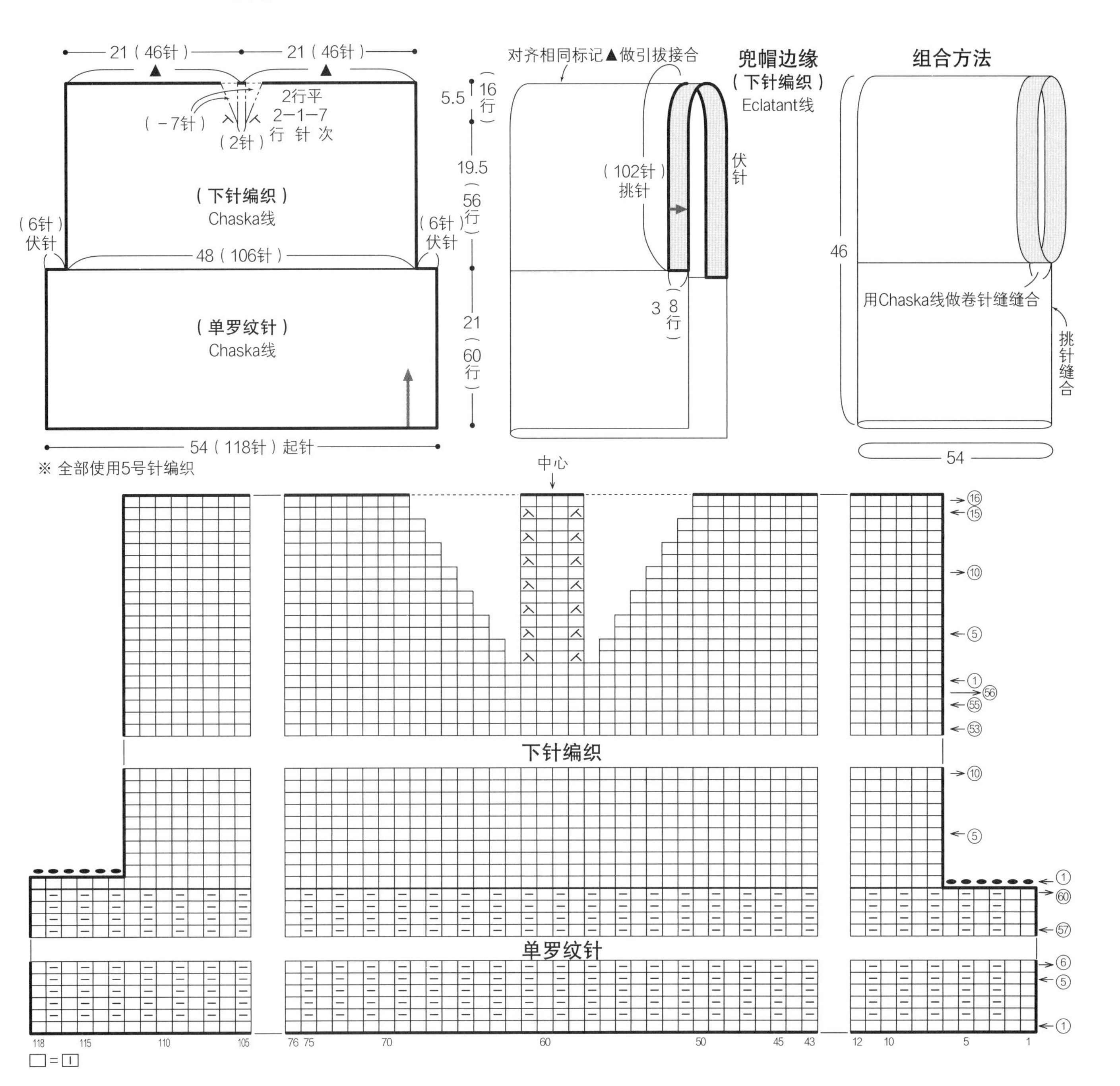

※ 全部使用5号针编织

O ｜ 18页

●材料

a Chaska(粗)原白色(10)30g/1团

Eclatant(极粗)翠蓝色(707)20g/1团

b Chaska(粗)米褐色(50)30g/1团

Eclatant(极粗)粉红色(702)20g/1团

●工具

棒针5号

●成品尺寸

手掌围19cm，长19.5cm

●编织密度

10cm×10cm面积内：下针编织、配色花样均为22针，29行

●编织要点

手指挂线起针后，编织8行单罗纹针。接着做10行下针编织，手掌侧用Chaska线、手背侧用Eclatant线按纵向渡线编织配色花样的方法编织下针，编织终点做伏针收针。留出拇指孔做挑针缝合，连接成环形。

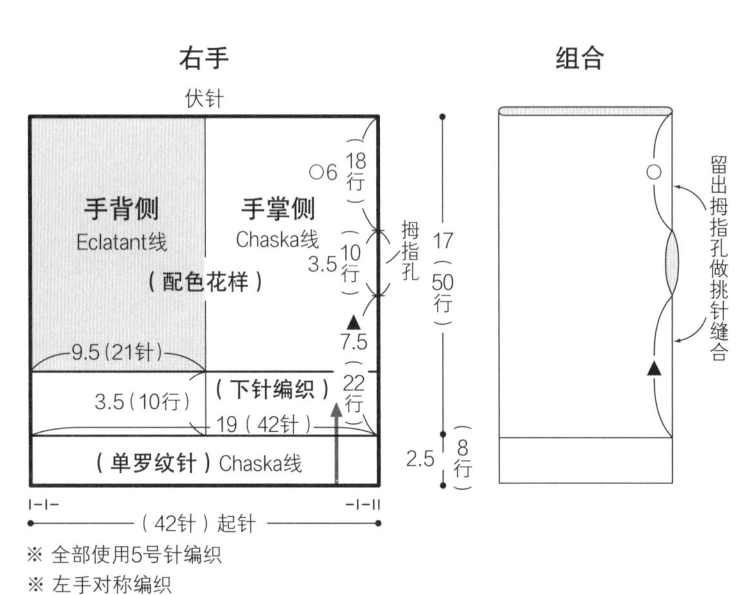

※ 全部使用5号针编织

※ 左手对称编织

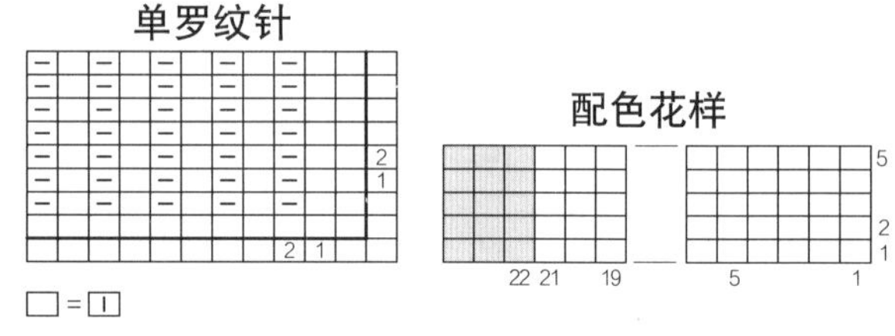

纵向渡线编织配色花样时的换线方法

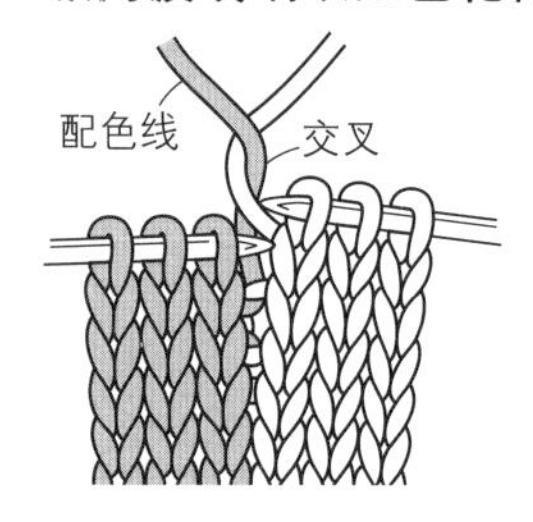

1 编织至交界处，将配色线与底色线交叉。

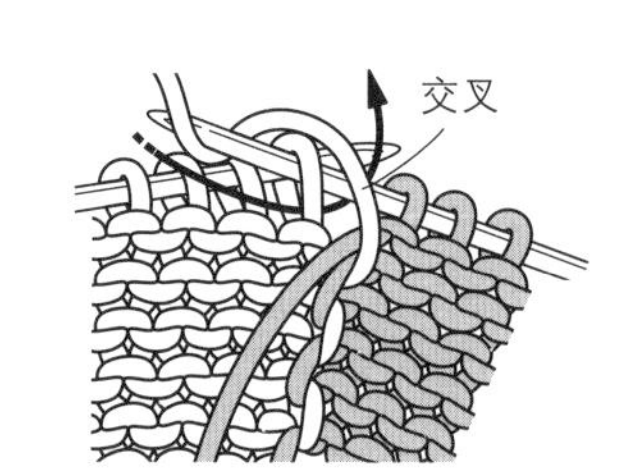

2 配色线编织完成后，再将底色线与配色线交叉。

H ｜ 11页

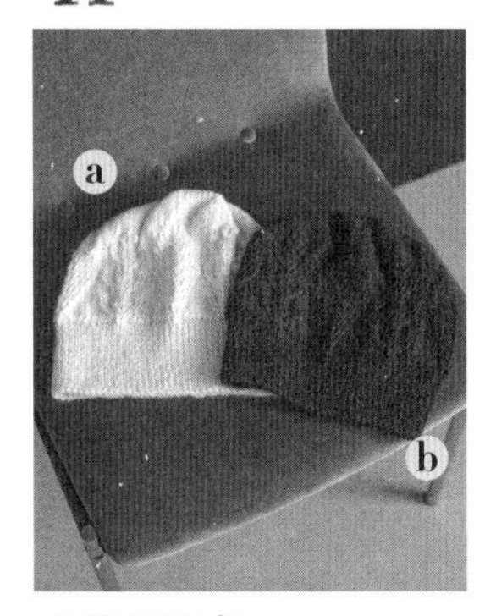

●材料

Chaska(粗) a 原白色(10)、b 炭灰色(75)各95g/各2团

●工具

棒针5号、4号 ※4根1组的棒针

●成品尺寸

头围56cm，帽深28.5cm

●编织密度

10cm×10cm面积内：编织花样27.5针，28行

●编织要点

用4号针手指挂线起针后连接成环形，开始编织单罗纹针。接着换成5号针，按编织花样编织。在第1行加4针，在第33行减4针。接着一边做上针编织一边分散减针，在最后一行的针目里穿线收紧。

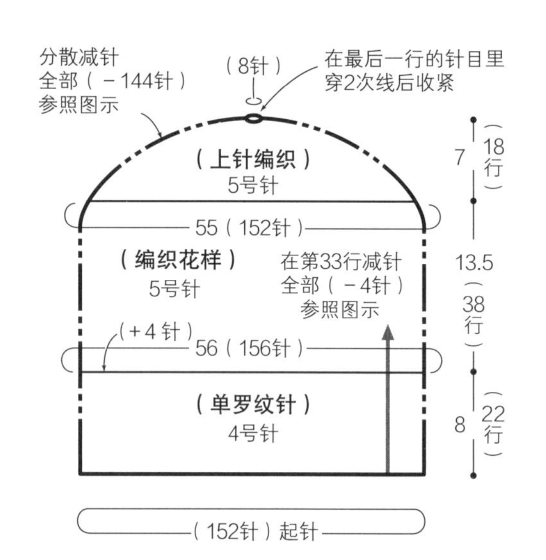

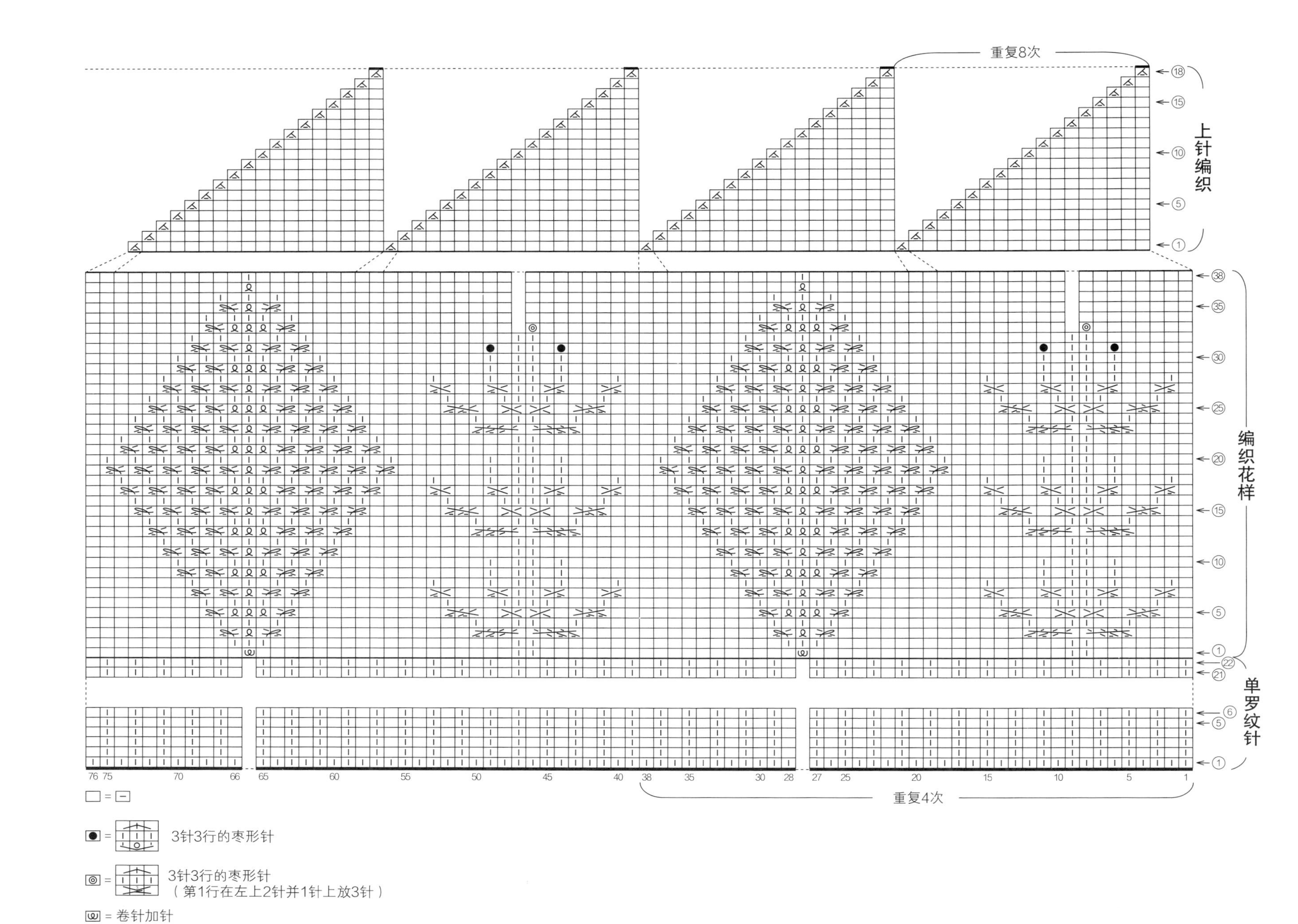

重复8次
上针编织
编织花样
单罗纹针
重复4次
● = 3针3行的枣形针
◎ = 3针3行的枣形针
（第1行在左上2针并1针上放3针）
ω = 卷针加针

L | 16页

●材料

Princess Anny（粗）米白色（502）190g/5团

Husky（粗）肉粉色和棕色系段染（597）100g/1团

●工具

棒针6号

●成品尺寸

胸围104cm，衣长50cm，连肩袖长29cm

●编织密度

10cm×10cm面积内：配色花样、下针编织均为22针，32行

●编织要点

前、后身片 手指挂线起针后，开始编织下摆的起伏针。接着做配色花样和下针编织。在袖口开口止位加线做好标记。领窝做休针、伏针减针和立起侧边1针的减针。肩部做引返编织，然后将肩部的针目做休针处理。

组合 肩部将前、后身片正面相对做盖针接合。胁部做挑针缝合。衣领、袖口从身片指定位置挑针后环形编织起伏针。编织终点从反面做伏针收针。

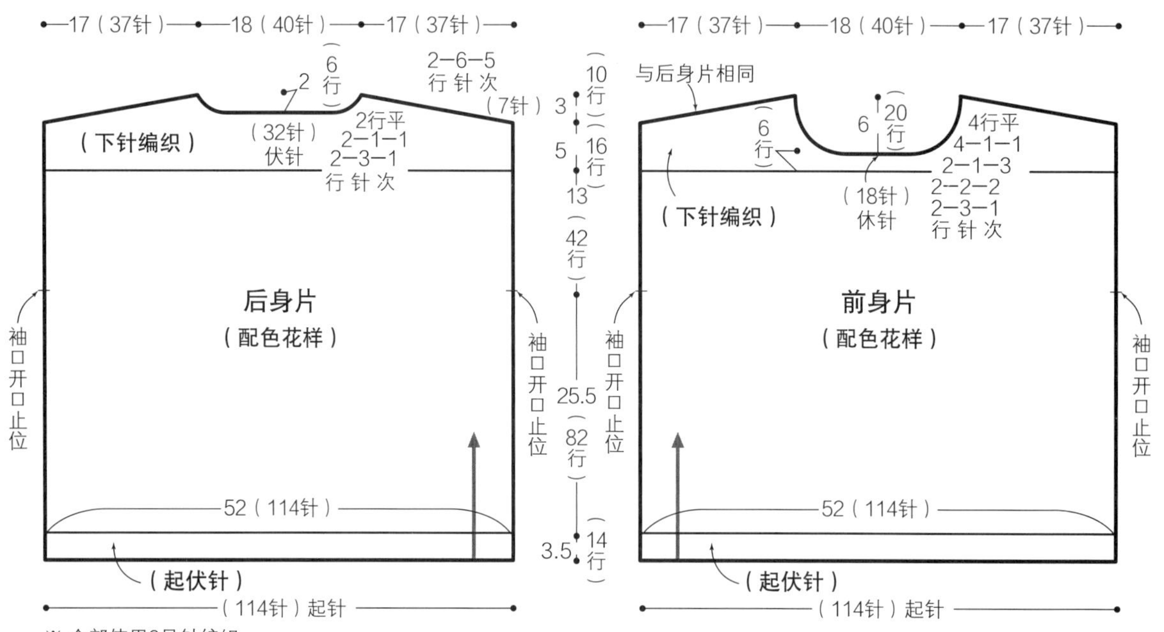

※ 全部使用6号针编织

※ 除指定以外均用米白色线编织

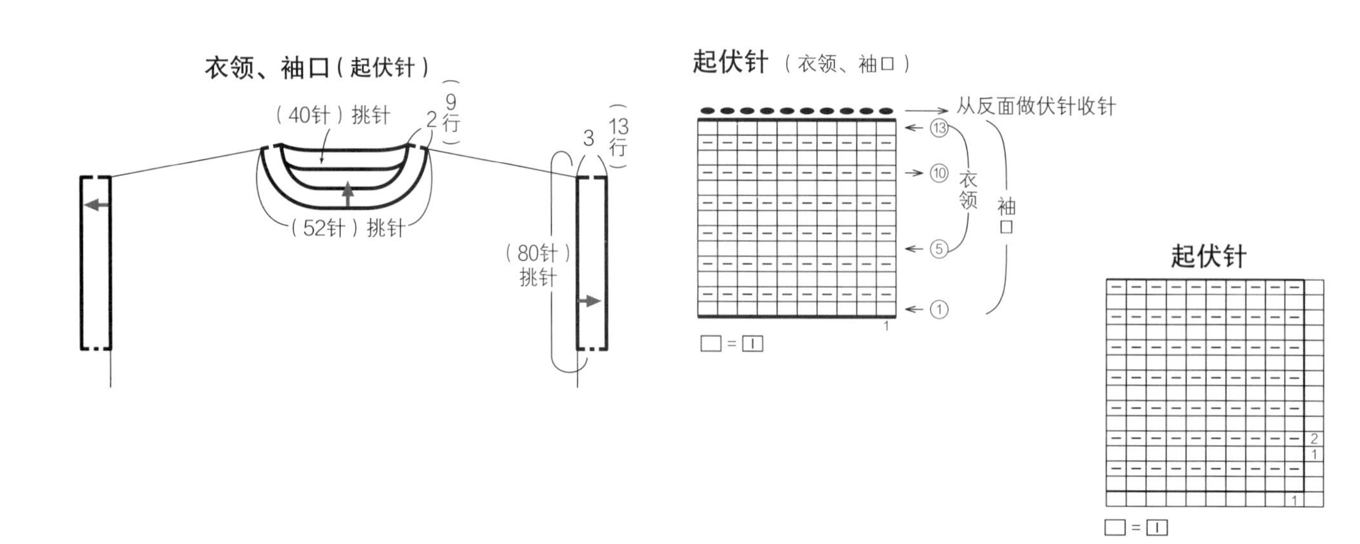

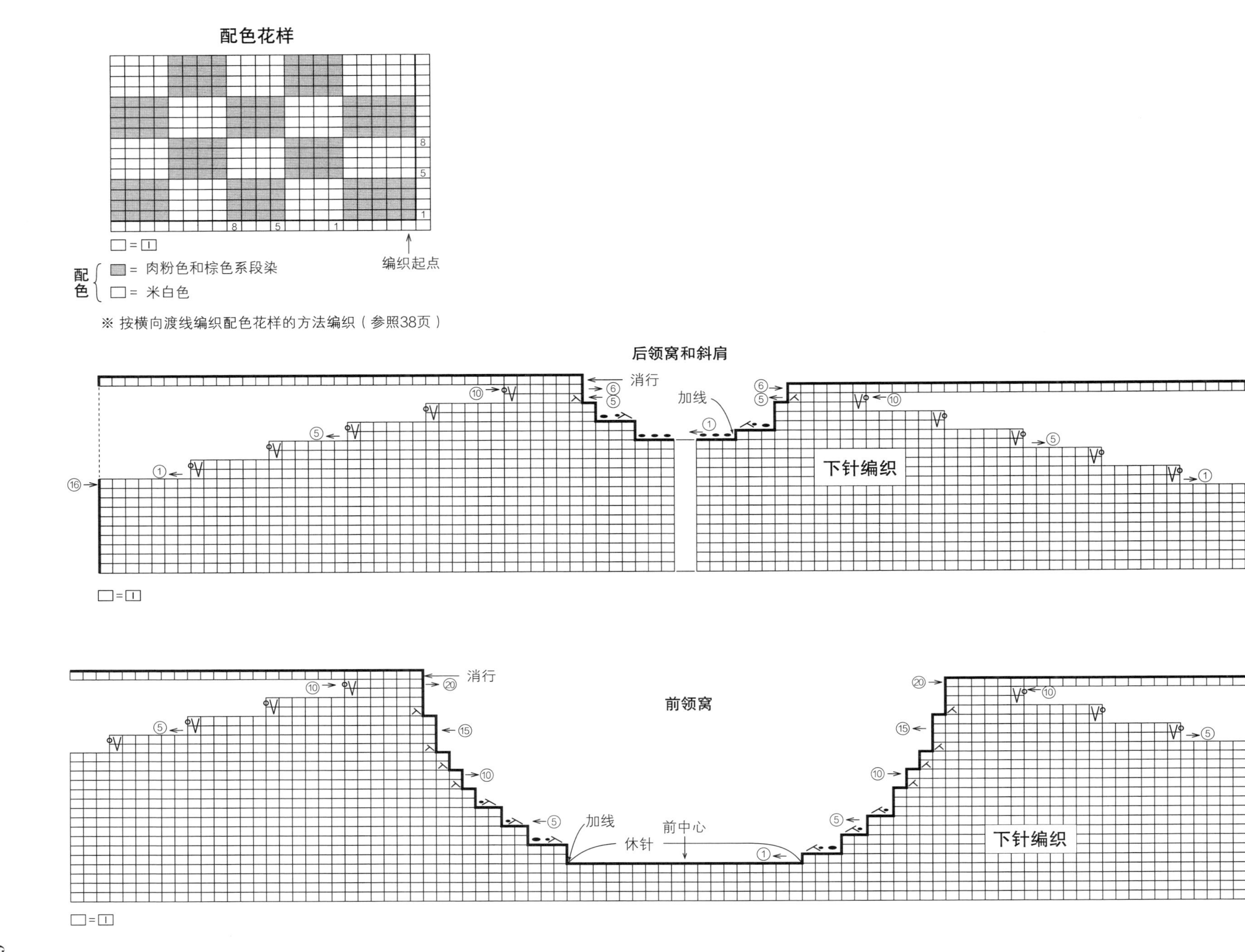

配色花样
8
5
1
8
5
1
□ = Ⅰ
编织起点
配色
▩ = 肉粉色和棕色系段染
□ = 米白色
※ 按横向渡线编织配色花样的方法编织（参照38页）
后领窝和斜肩
消行
⑥
⑤
加线
①
⑩
⑤
①
⑯
⑯
⑮
⑩
⑦
下针编织
□ = Ⅰ
前领窝
消行
⑳
⑮
⑩
⑤
加线
休针
前中心
①
⑳
⑯
下针编织
□ = Ⅰ

M | 17页

●材料

Queen Anny(中粗)水蓝色(106)390g/8团

●工具

棒针7号

●成品尺寸

胸围100cm，衣长54cm，连肩袖长25cm

●编织密度

10cm×10cm面积内：起伏针20针，26行

编织花样28针9.5cm，26行10cm

●编织要点

后身片　手指挂线起针后，开始编织下摆的单罗纹针。接着按起伏针和编织花样编织至肩部。在袖口开口止位加线做好标记。领窝做伏针减针和立起侧边1针的减针，肩部做引返编织，然后将肩部的针目做休针处理。

前身片　起针方法与后身片相同，按相同技法编织。

组合　肩部将前、后身片正面相对做盖针接合。胁部做挑针缝合。衣领挑针后环形编织单罗纹针。编织终点做单罗纹针收针。

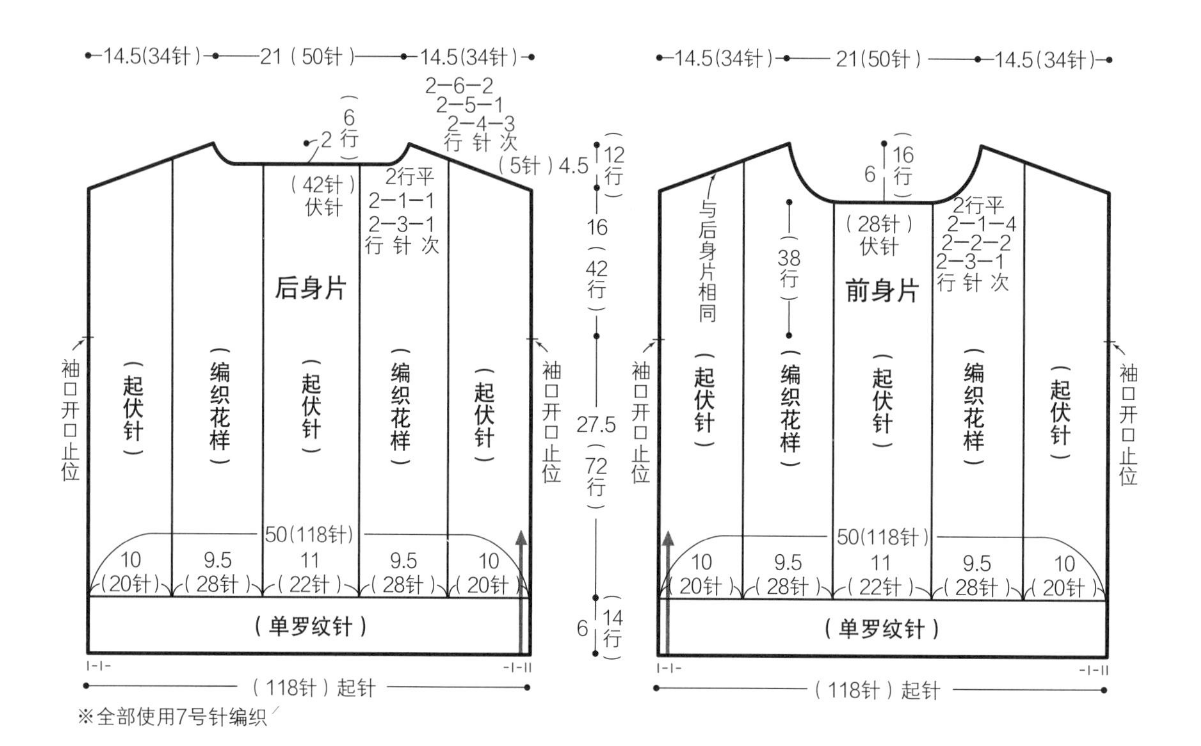

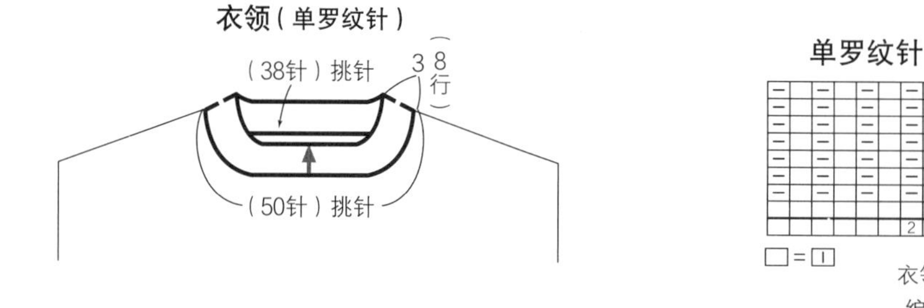

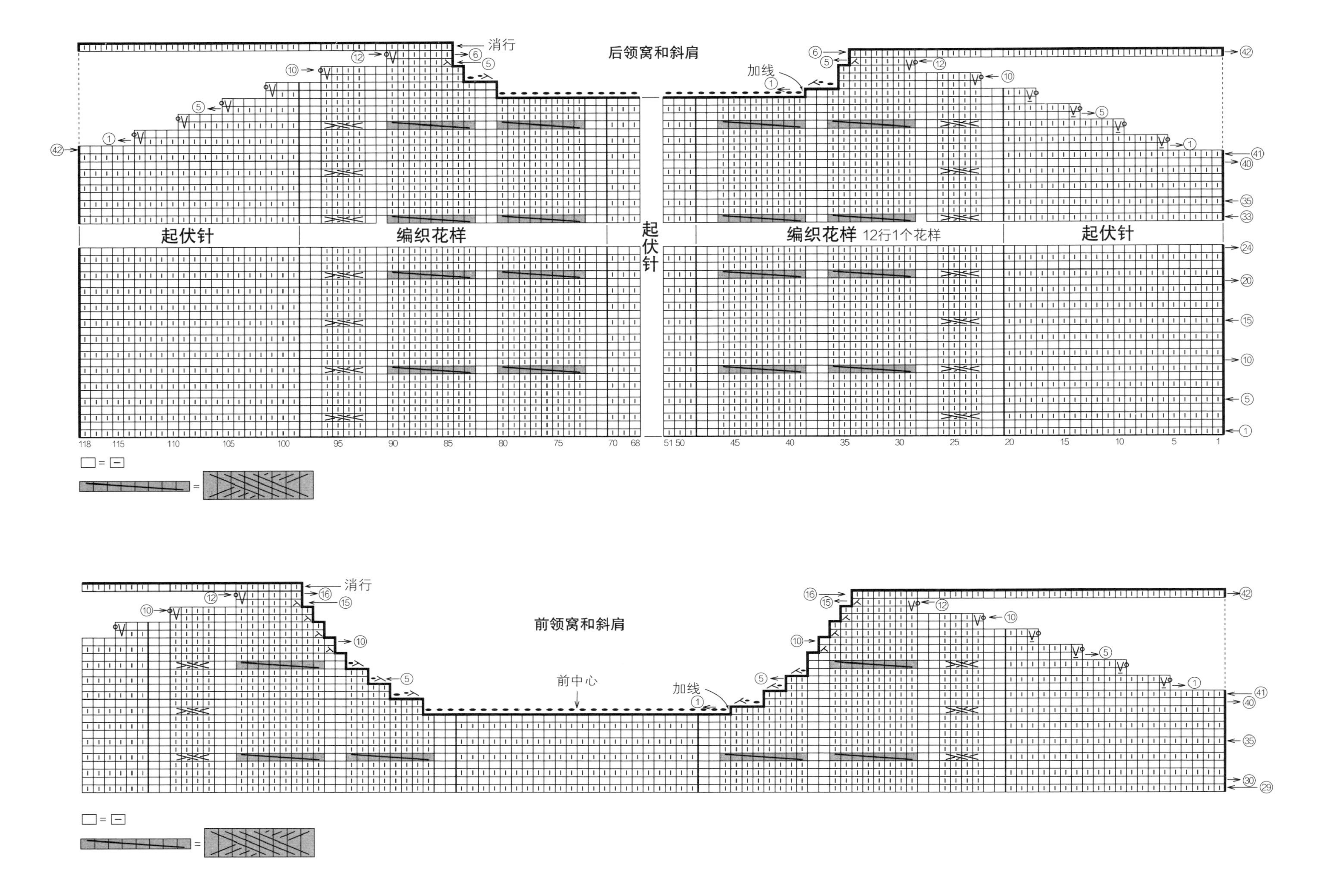
后领窝和斜肩
消行
加线
起伏针
编织花样
起伏针
编织花样 12行1个花样
起伏针
前领窝和斜肩
消行
前中心
加线

P | 19页

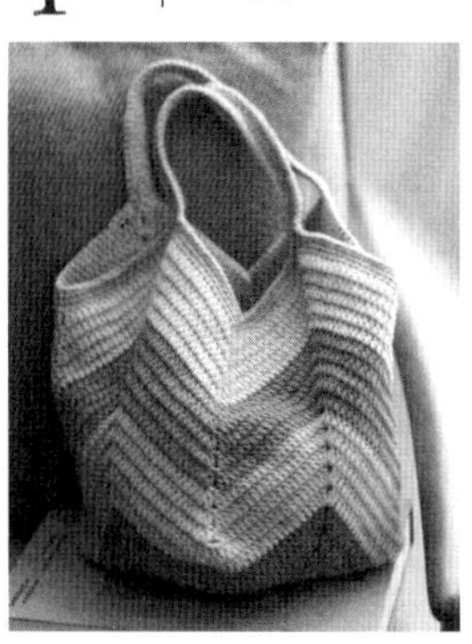

●材料

British Eroika(极粗)蓝色(207)、苹果绿色(202)、黄色(206)、淡粉色(180)各45g/各1团,米色(143)30g/1团

●工具

钩针 6/0号

●成品尺寸

宽 32cm,深 20.5cm

●编织密度

10cm×10cm面积内:条纹花样 A 18针,9行;条纹花样B 27.5针,7行

●编织要点

底部用线头环形起针,按条纹花样 A一边加针一边编织成正方形。接着侧面按条纹花样 B无须加减针编织,包口和提手钩织短针。提手在包口的第 1行分别做 60针起针,连起来编织。最后在提手的内侧钩织 3行短针。

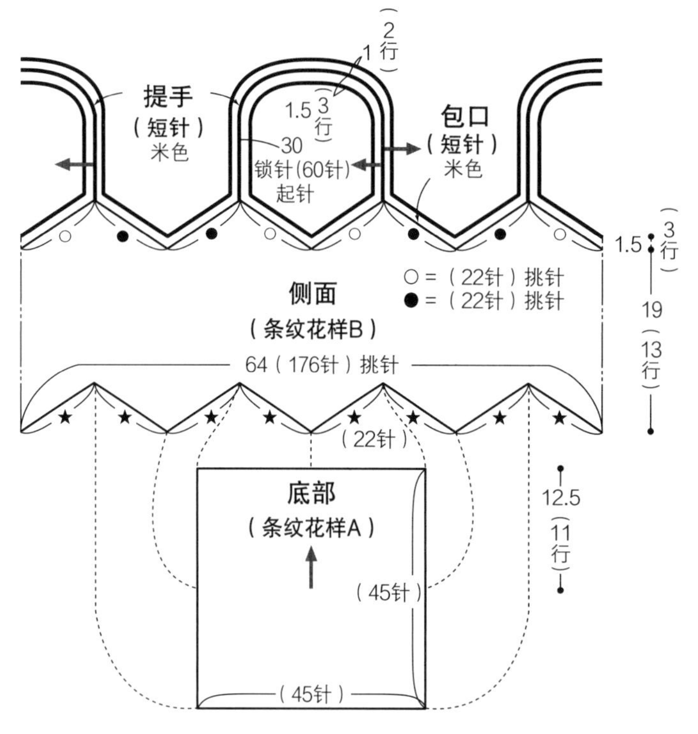

※全部使用6/0号针钩织

完成图

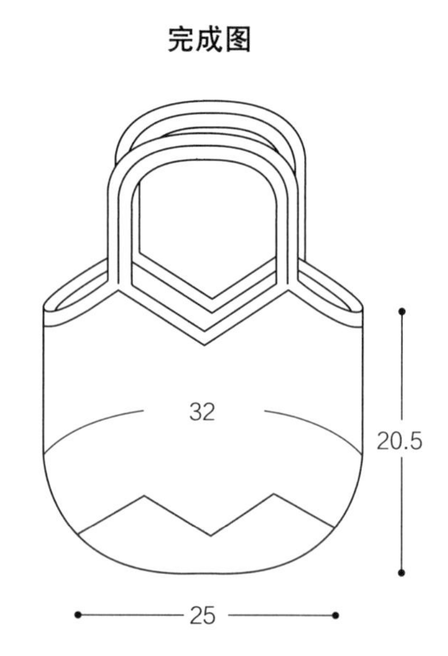

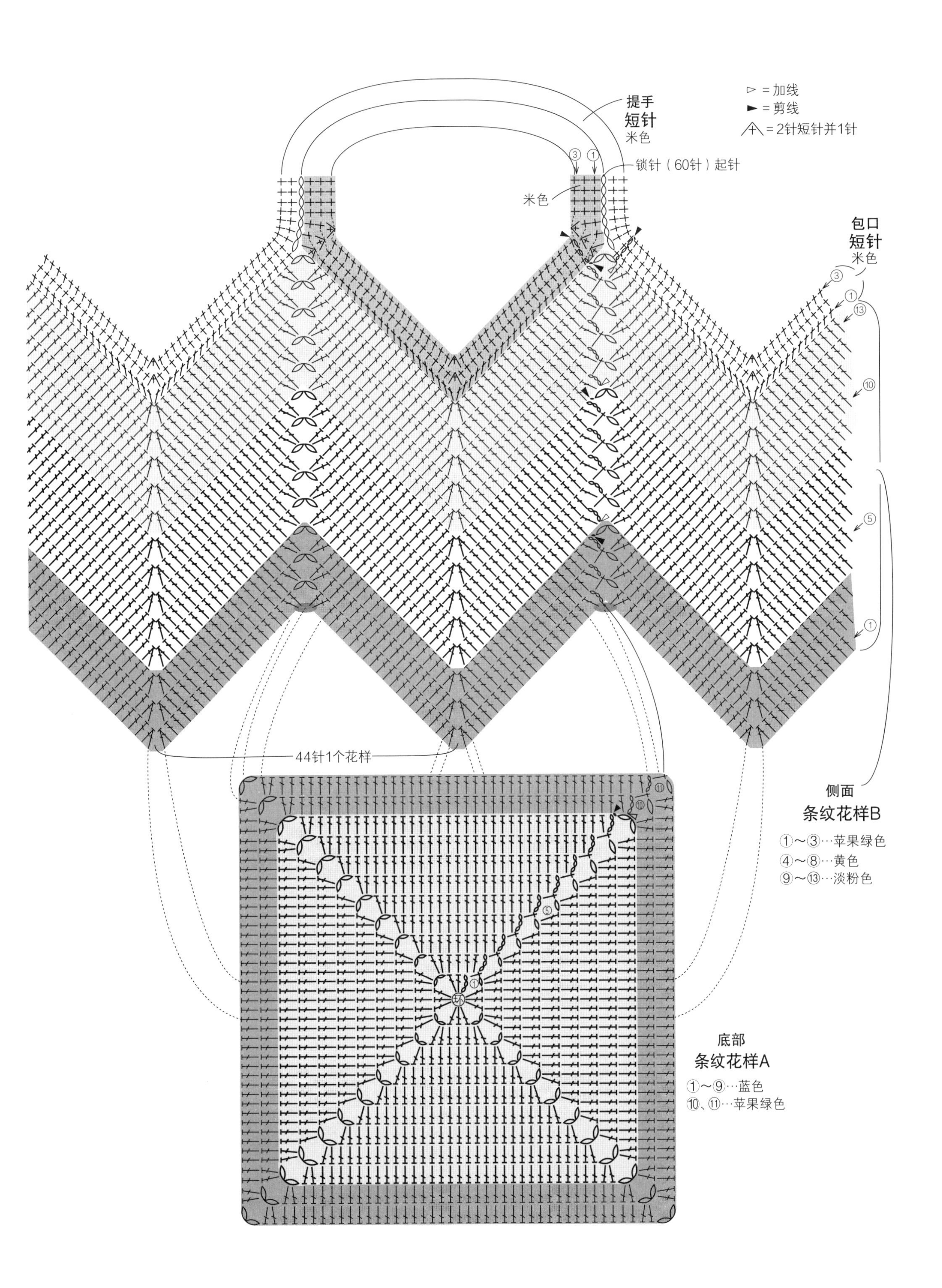
▷ = 加线
▶ = 剪线
= 2针短针并1针
提手
短针
米色
锁针（60针）起针
米色
包口
短针
米色
44针1个花样
侧面
条纹花样B
①～③…苹果绿色
④～⑧…黄色
⑨～⑬…淡粉色
底部
条纹花样A
①～⑨…蓝色
⑩、⑪…苹果绿色

Q ｜ 20页

●材料

Julika Mohair(中粗)蓝绿色(316)190g/5团

●工具

棒针 12号、10号

●成品尺寸

胸围 108cm，衣长 49.5cm，连肩袖长约 70cm

●编织密度

10cm×10cm面积内：编织花样 14针，14.5行

●编织要点

前、后身片　手指挂线起针后，开始编织下摆的双罗纹针。接着做下针编织和编织花样至肩部。在接袖止位加线做好标记。领窝做休针、伏针减针和立起侧边 1针的减针，然后将肩部的针目做休针处理。

衣袖　肩部将前、后身片正面相对做盖针接合，然后从前、后袖窿挑针，无须加减针做下针编织和编织花样。袖口编织双罗纹针后做伏针收针。

组合　衣领环形编织双罗纹针后做伏针收针。胁部、袖下做挑针缝合。

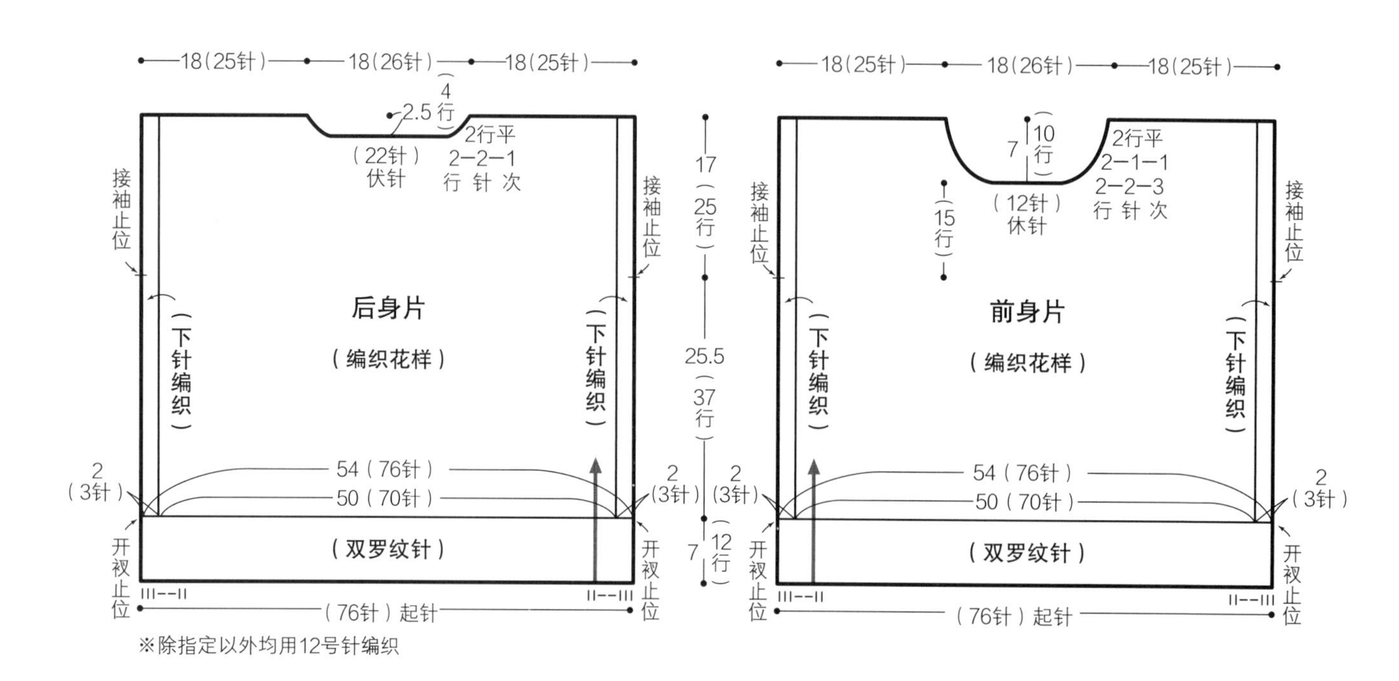

※除指定以外均用12号针编织

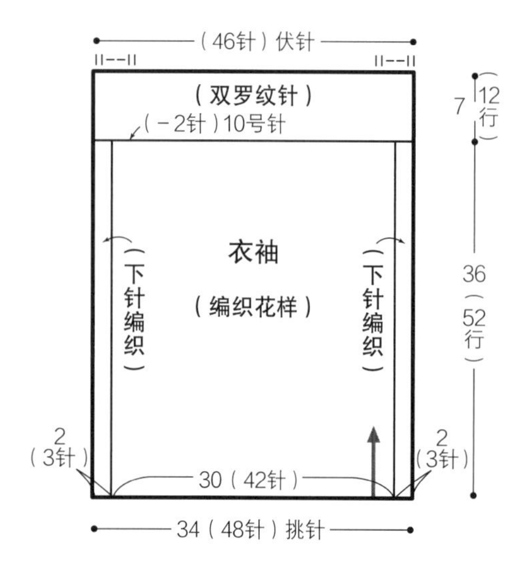

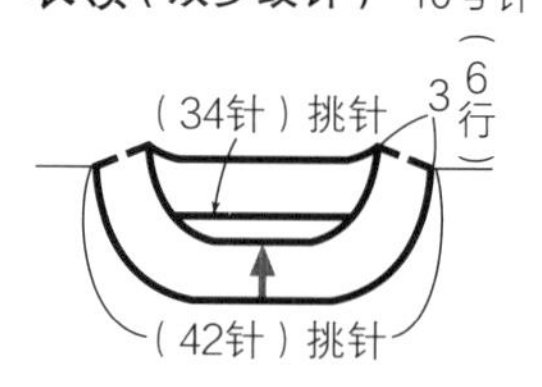

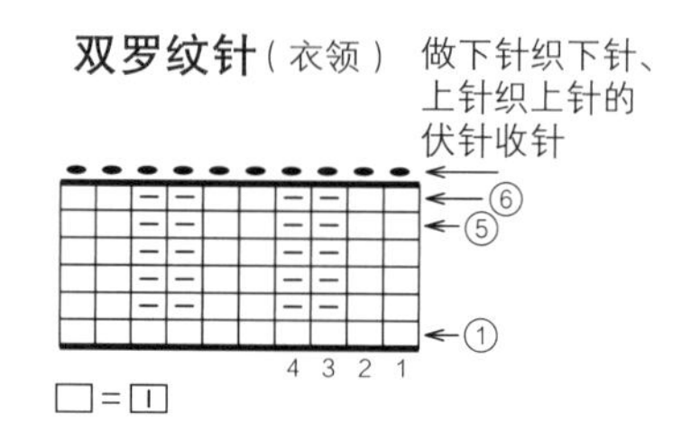

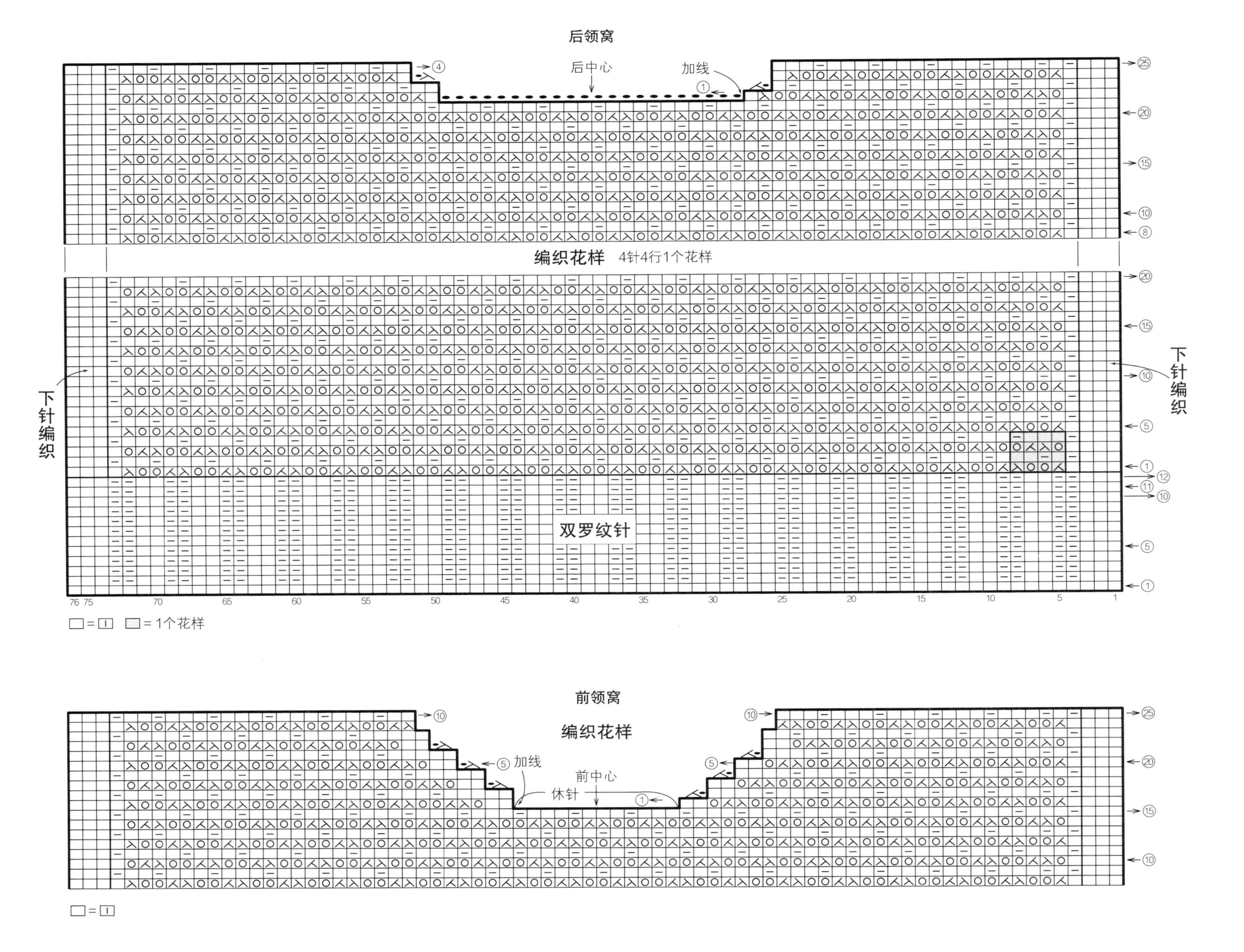

后领窝
后中心
加线
编织花样 4针4行1个花样
下针编织
下针编织
双罗纹针
□=□ □=1个花样
前领窝
编织花样
加线
前中心
休针
□=□

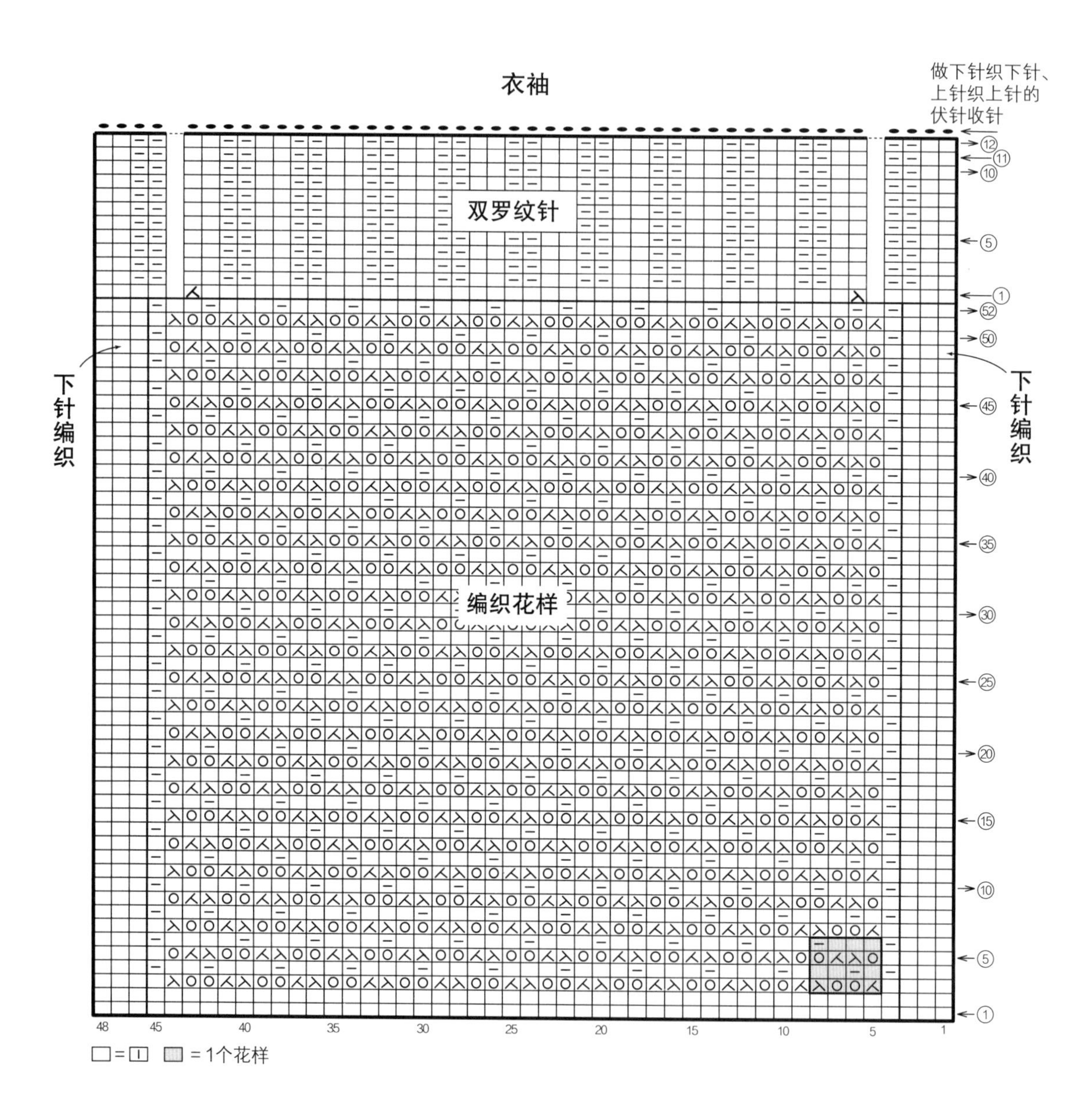
衣袖
做下针织下针、
上针织上针的
伏针收针
双罗纹针
编织花样
下针编织
下针编织
12
11
10
5
1
52
50
45
40
35
30
25
20
15
10
5
1
48
45
40
35
30
25
20
15
10
5
1
= 1个花样

R | 21页

●材料

L'incanto no.9（极粗）a 蓝色（905）、b 灰色（903）各90g/各2团

●工具

钩针 10/0号

●成品尺寸

参照图示

●编织密度

编织花样 17针 10cm，1行 1.8cm

●编织要点

留出约70cm长的线头锁针起针，按编织花样横向编织。手腕侧立织4针锁针，手臂侧立织5针锁针，一共编织10行，编织终点留出约30cm长的线头。将织物正面朝外对齐，留出拇指孔，用留出的线头做半针的卷针缝缝合。

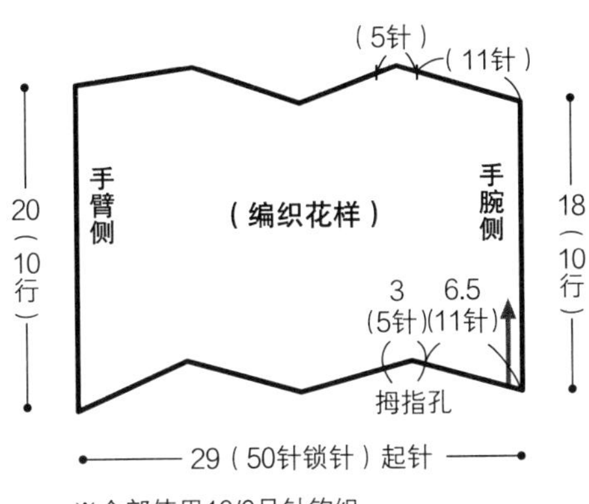

※全部使用10/0号针钩织

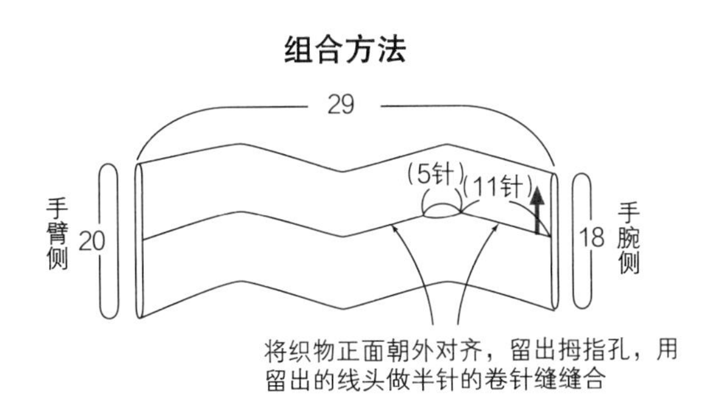

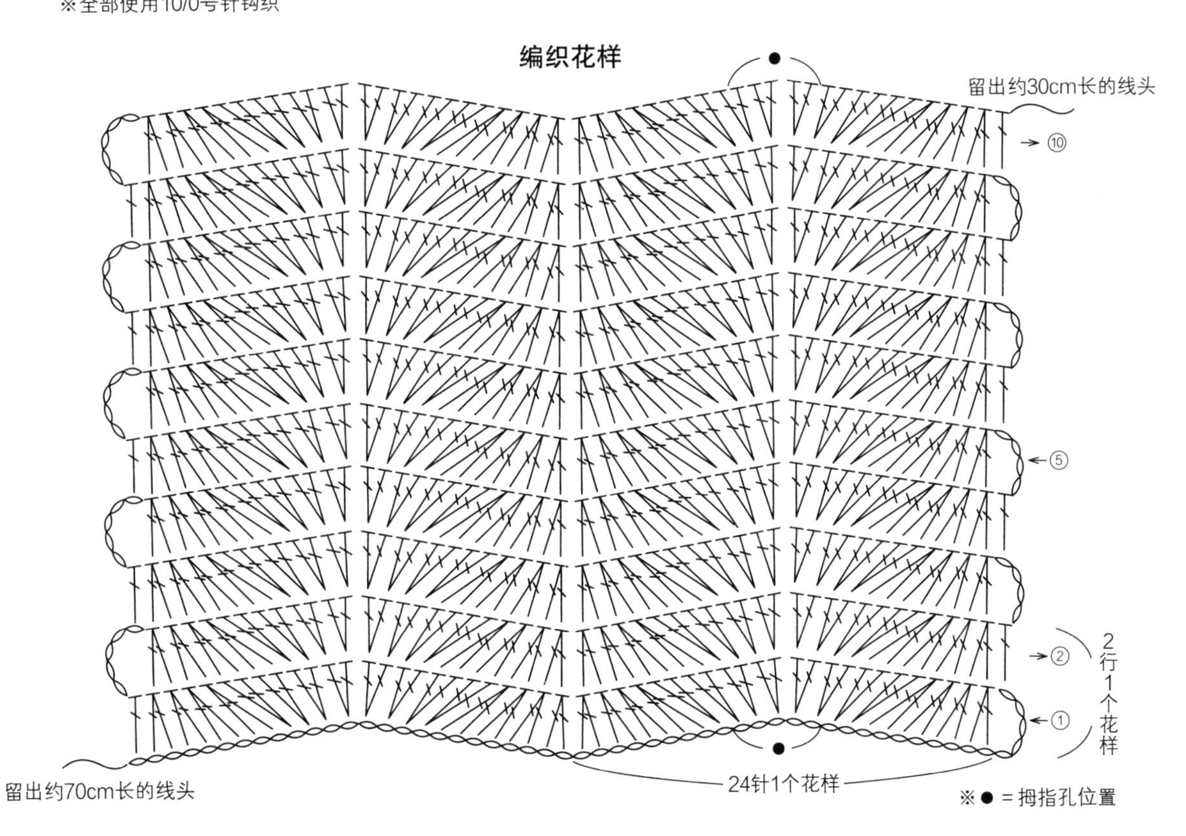

S | 22页

●材料

Mille Colori Baby（中细）灰色系、红色系和紫色系段染（205）330g/7团

●工具

钩针6/0号

●成品尺寸

胸围94cm，衣长50cm，连肩袖长49cm

●编织密度

10cm×10cm面积内：编织花样22针，9行

●编织要点

前、后身片 锁针起针后，开始做编织花样。在接袖止位加线做好标记，在领窝减针，在前端的开口止位加针。

衣袖 起针方法与身片相同，无须加减针做编织花样。

组合 肩部将前、后身片正面朝外对齐做半针的卷针缝缝合。胁部、袖下做卷针缝缝合。再将衣袖与身片正面朝外对齐做卷针缝缝合。最后制作细绳和流苏缝好。

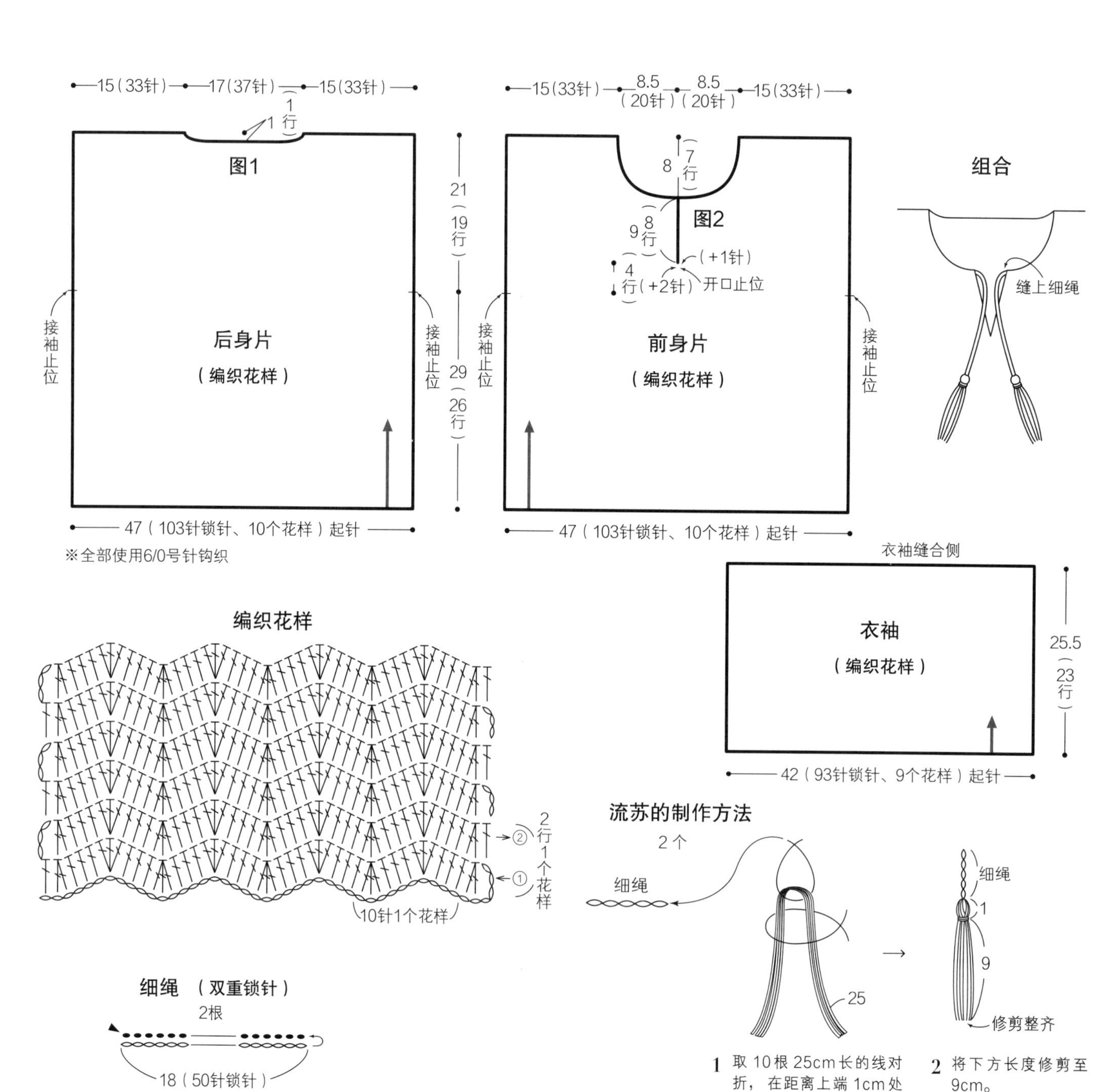

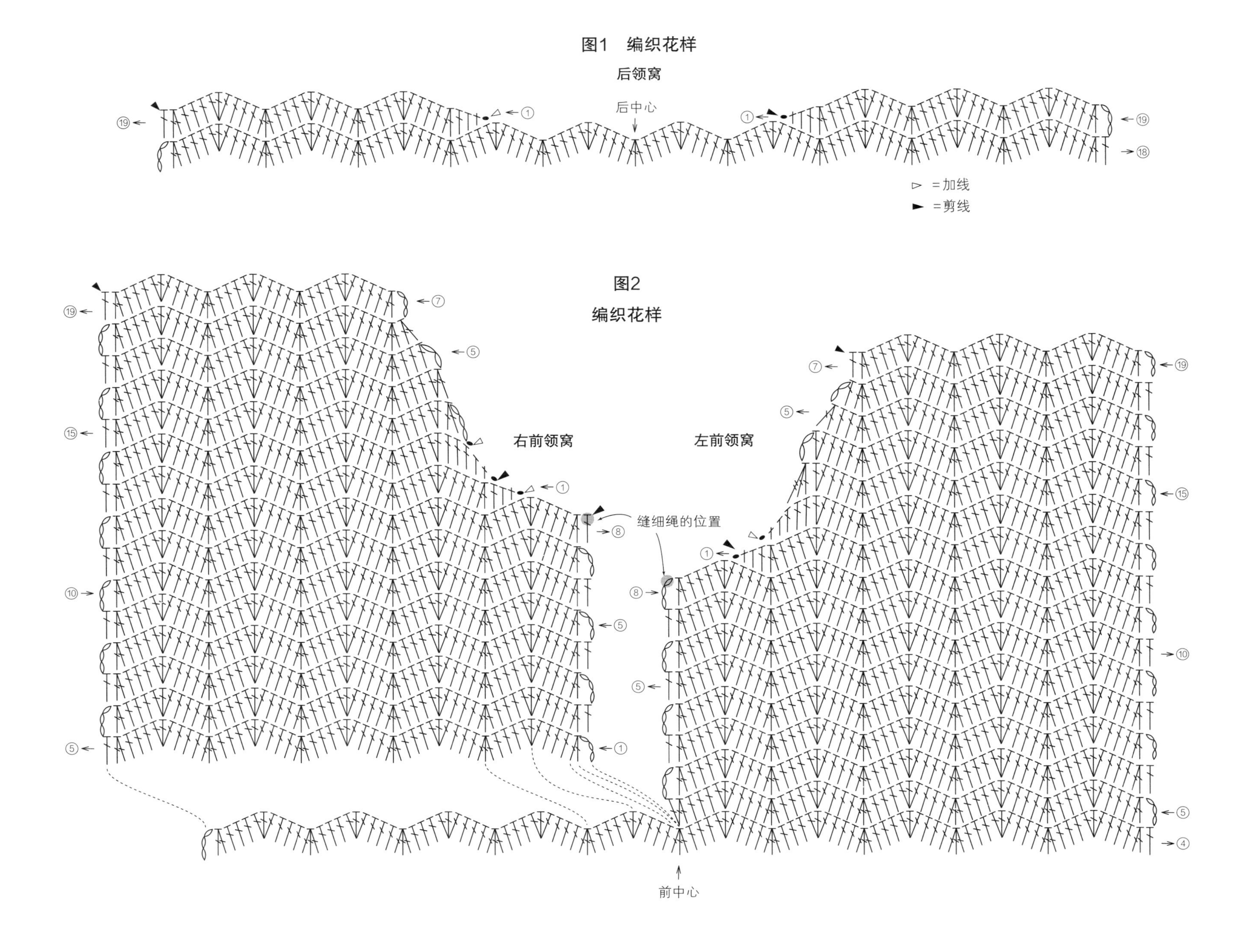
图1 编织花样
后领窝
后中心
①
①
⑲
⑲
⑱
=加线
=剪线
图2
编织花样
右前领窝
左前领窝
缝细绳的位置
前中心
⑲
⑮
⑩
⑤
⑦
⑤
①
⑧
⑤
①
⑦
⑤
①
⑧
⑤
⑲
⑮
⑩
⑤
④

T | 23页

●材料

British Fine(中细)浅灰色(019)85g/4团

●工具

钩针 5/0号

●成品尺寸

颈围 60cm，长 20cm

●编织密度

10cm×10cm面积内：编织花样 21.5针(第1行)，9.5行

●编织要点

锁针起针后，参照符号图一边按长针和编织花样钩织一边加针。在颈部周围做边缘编织。饰带也用相同方法起针钩织2根。用卷针缝的方法缝上饰带。

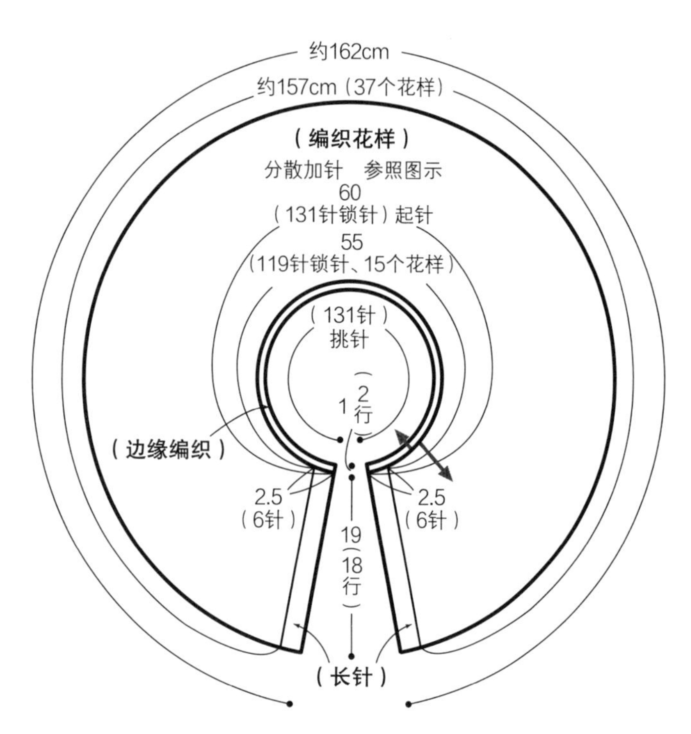

※全部使用5/0号针钩织

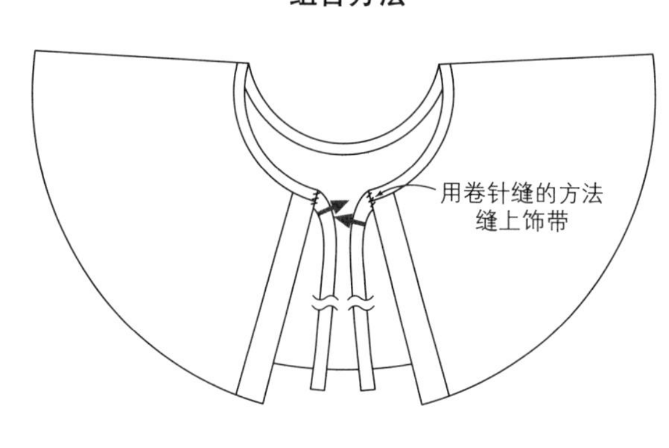

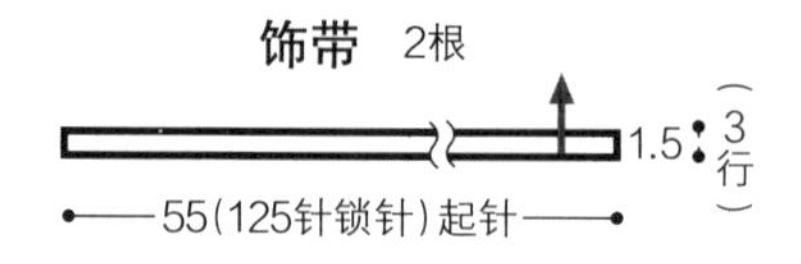

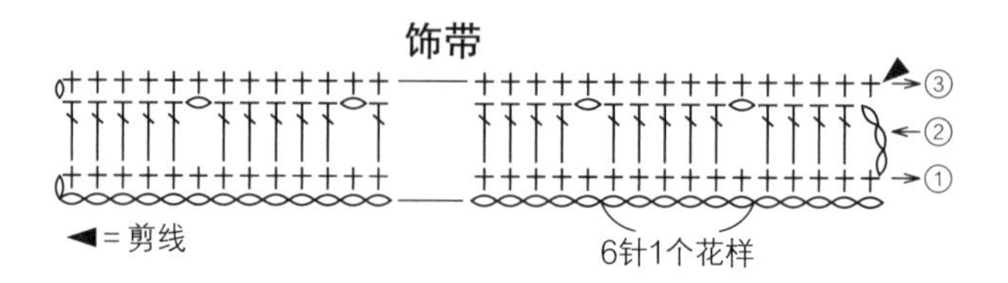

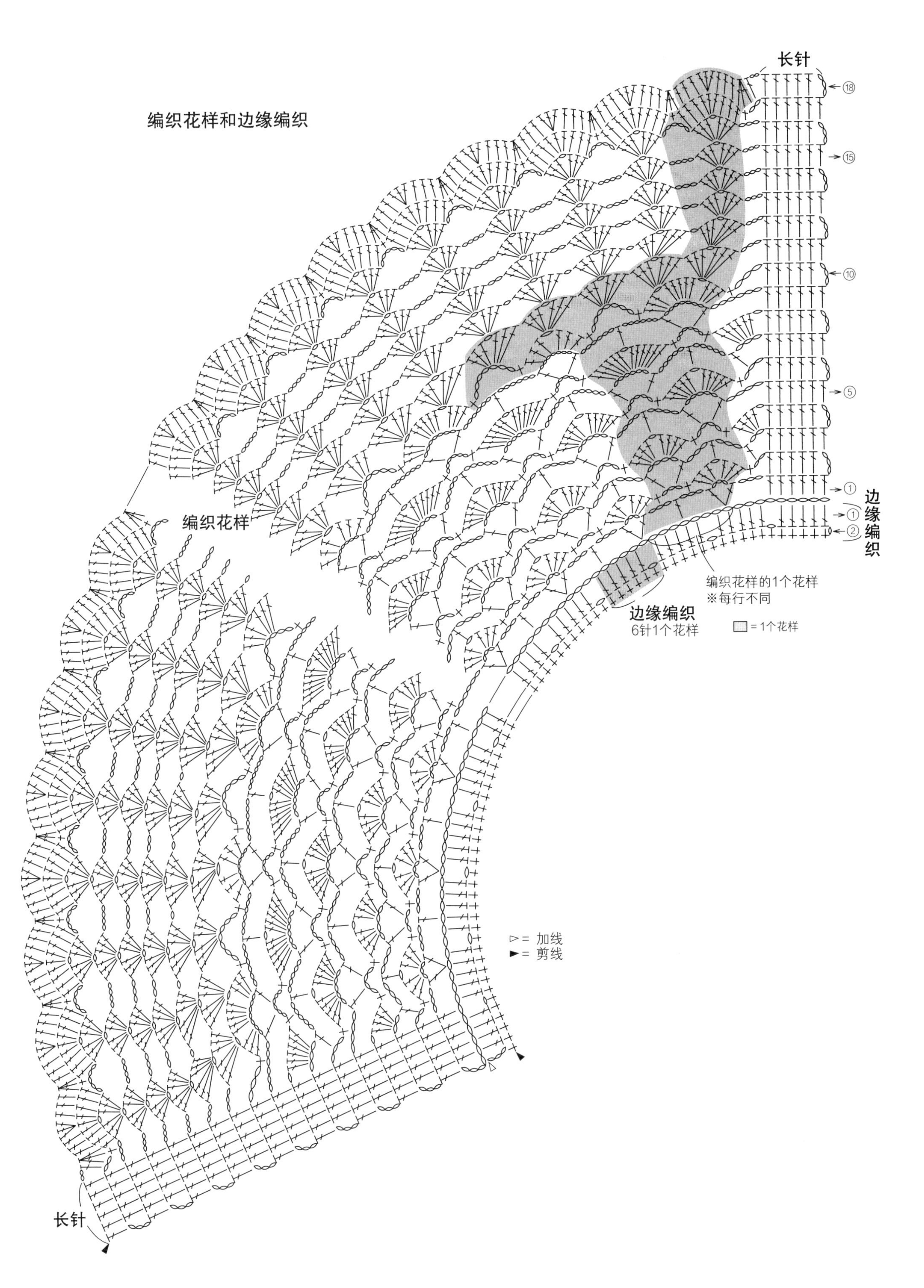
编织花样和边缘编织
长针
编织花样
边缘编织
编织花样的1个花样
※每行不同
边缘编织
6针1个花样
= 1个花样
= 加线
= 剪线
长针

U、V | 24、25页

●材料

L' incanto no.5(粗)

U(短上衣) 蓝色(505)225g/6团，灰色(503)125g/4团，海军蓝色(504)90g/3团

V(束口袋)(用短上衣剩下的线编织) 海军蓝色(504)15g/1团，灰色(503)10g/1团，蓝色(505)5g/1团；宽 3mm的皮绳 1m×2根

●工具

钩针 6/0号

●成品尺寸

U(短上衣) 胸围 97cm，衣长 48.5cm，连肩袖长 64.5cm

V(束口袋) 宽 16cm，深 13cm

●编织密度

1片花片 8cm×8cm

●编织要点

短上衣的前、后身片和衣袖 整体按连接花片钩织。花片用线头环形起针，按指定配色钩织。从第 2片花片开始，一边钩织一边在最后一行与相邻花片做连接。

短上衣的组合 在下摆、前端、领口环形做边缘编织。袖口也同样环形做边缘编织。

束口袋 起针方法与短上衣相同，按相同技法钩织。在袋口做边缘编织，在指定位置穿入皮绳。

短上衣

48(6片)

后身片

连接花片

右袖 ▲

左袖 △

肩部 16(2片) 8(1片) 8(1片)

右前身片

左前身片

32(4片) 32(4片) 32(4片)

					4	5	6	7	8	9					
				●	16	17	18	19	20	21	○				
					28	29	30	31	32	33					
				40	41	42	43	44	45	46	47				
110	109	108	107	106	105	104	103	102	101	100	99	98	97	96	95
87	86	85	84	83	82	81	肩部	肩部	94	93	92	91	90	89	88
73	72	71	70	69	68	67	肩部	肩部	80	79	78	77	76	75	74
58	57	56	55	54	53	52	51	66	65	64	63	62	61	60	59
				40	39	38	37	50	49	48	47				
					27	26	25	36	35	34					
				●	15	14	13	24	23	22	○				
					3	2	1	12	11	10					

8 8

40(5片) 24(3片) 24(3片) 40(5片)

※ 全部使用6/0号针钩织

※ 花片内的数字表示连接的顺序

※ 相同标记表示一边钩织一边做连接

下摆、前端、领口、袖口

（边缘编织）蓝色

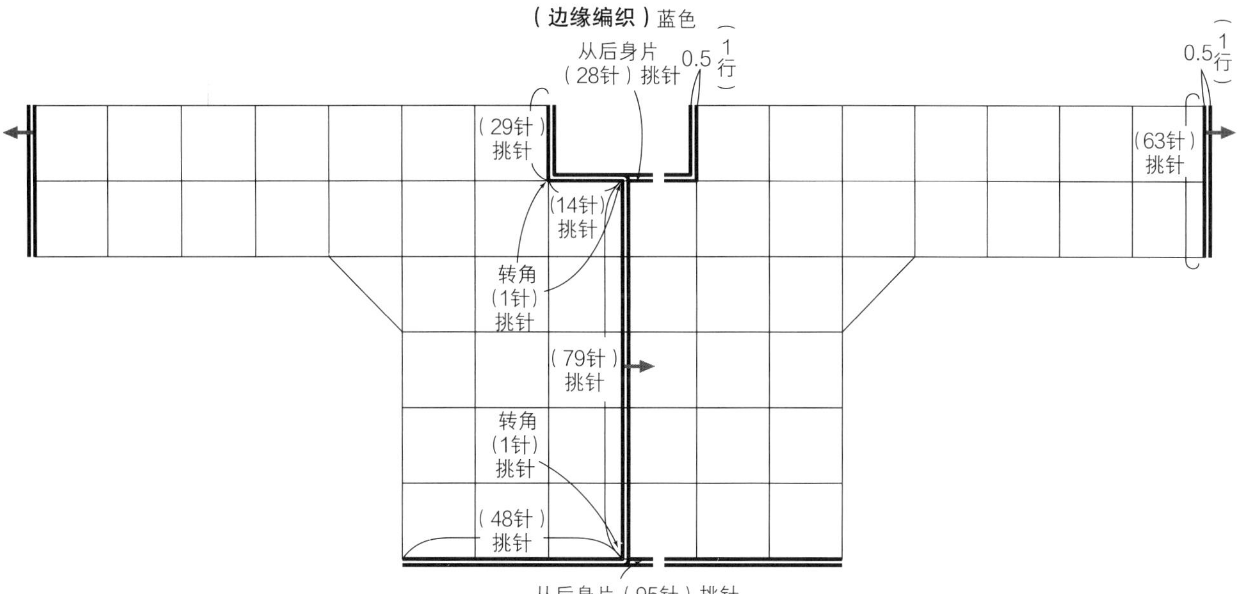

※ 全部（471针）挑针

花片

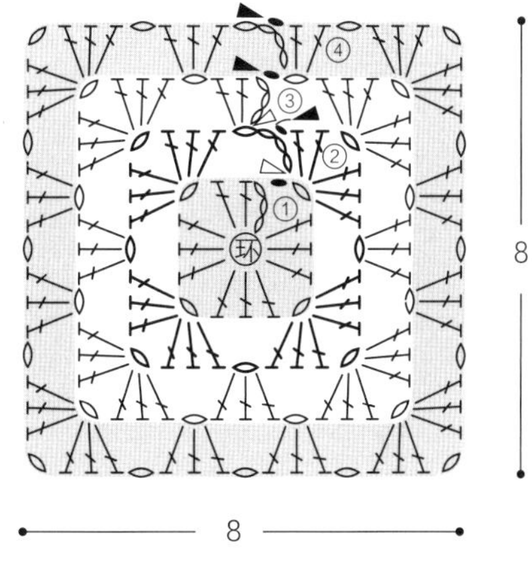

▷ = 加线

► = 剪线

花片的配色和片数

	第1行	第2行	第3行	第4行	片数
短上衣	蓝色	海军蓝色	灰色	蓝色	110
束口袋	海军蓝色	蓝色	灰色	海军蓝色	8

边缘编织

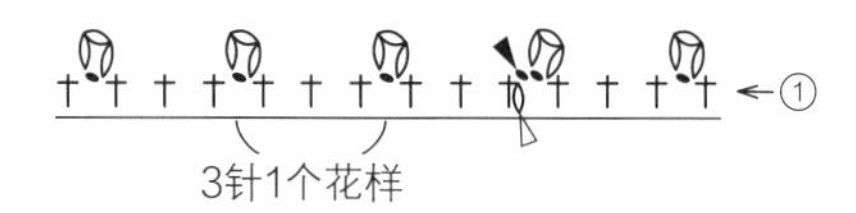

袖口的边缘编织

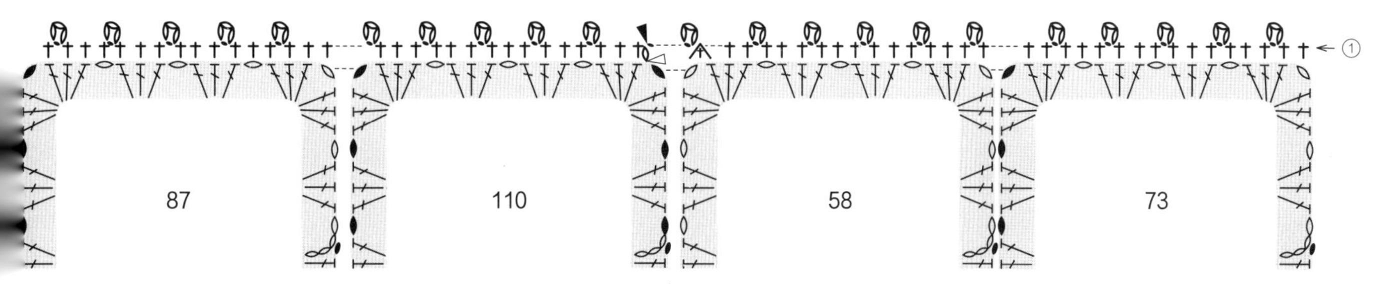

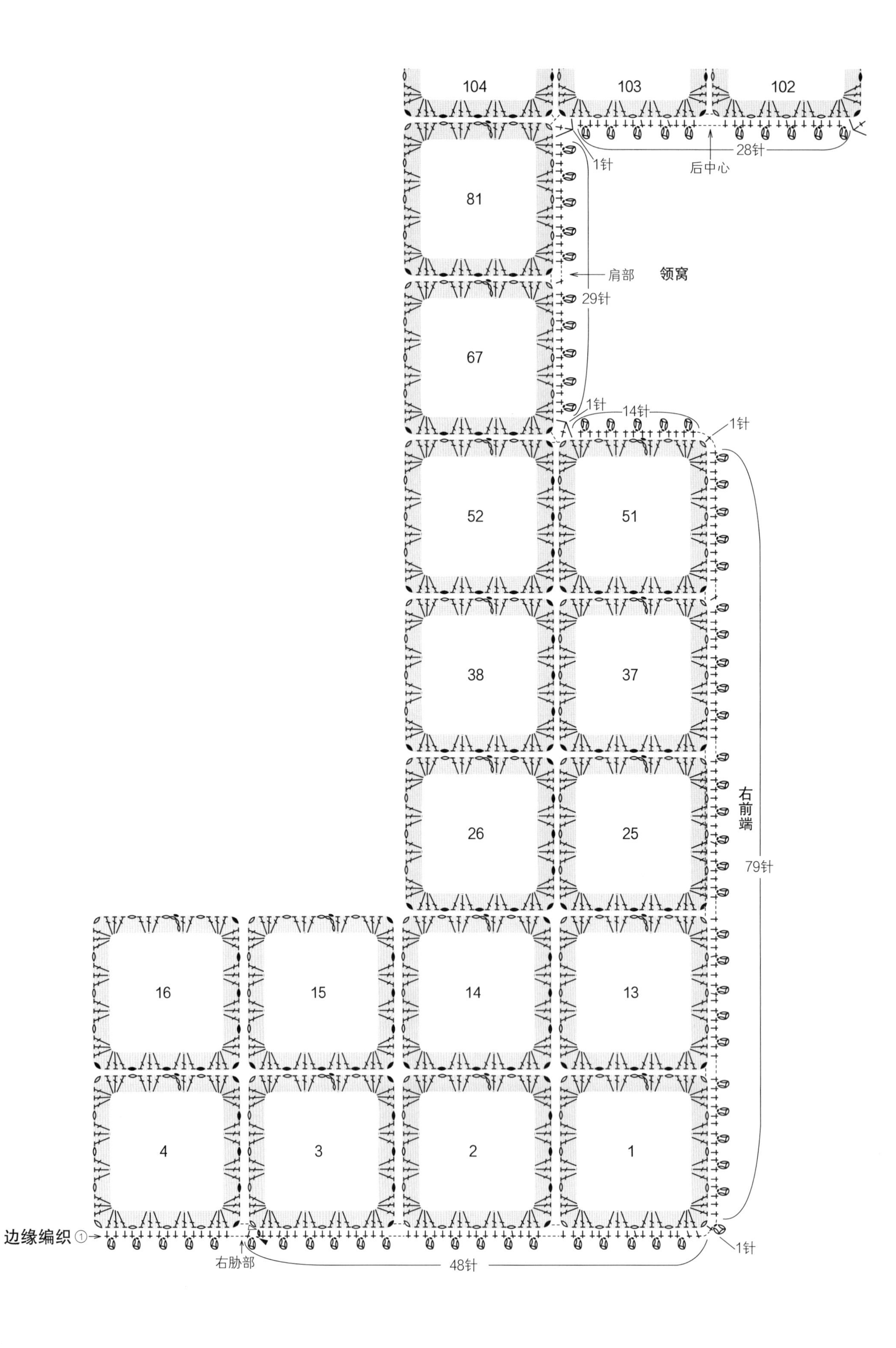
104
103
102
81
1针
后中心
28针
肩部
领窝
29针
67
1针
14针
1针
52
51
38
37
26
25
右前端
79针
16
15
14
13
4
3
2
1
边缘编织①
右胁部
48针
1针

束口袋

（连接花片）

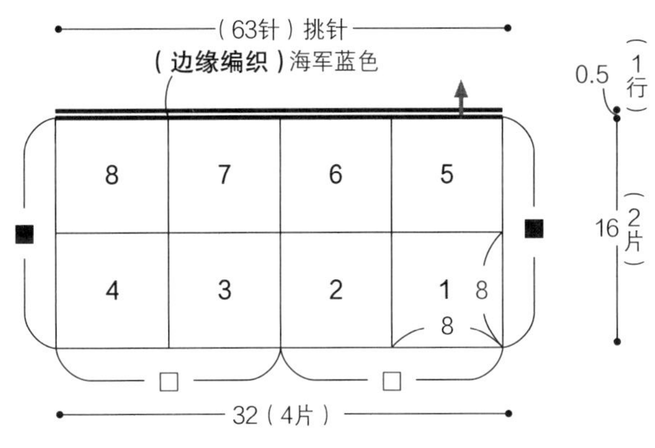

※ 全部使用6/0号针钩织

※ 花片内的数字表示连接的顺序

※ 相同标记表示一边钩织一边做连接

组合方法

分别从左右两边穿入皮绳

13

打1个结

16

束口袋的边缘编织

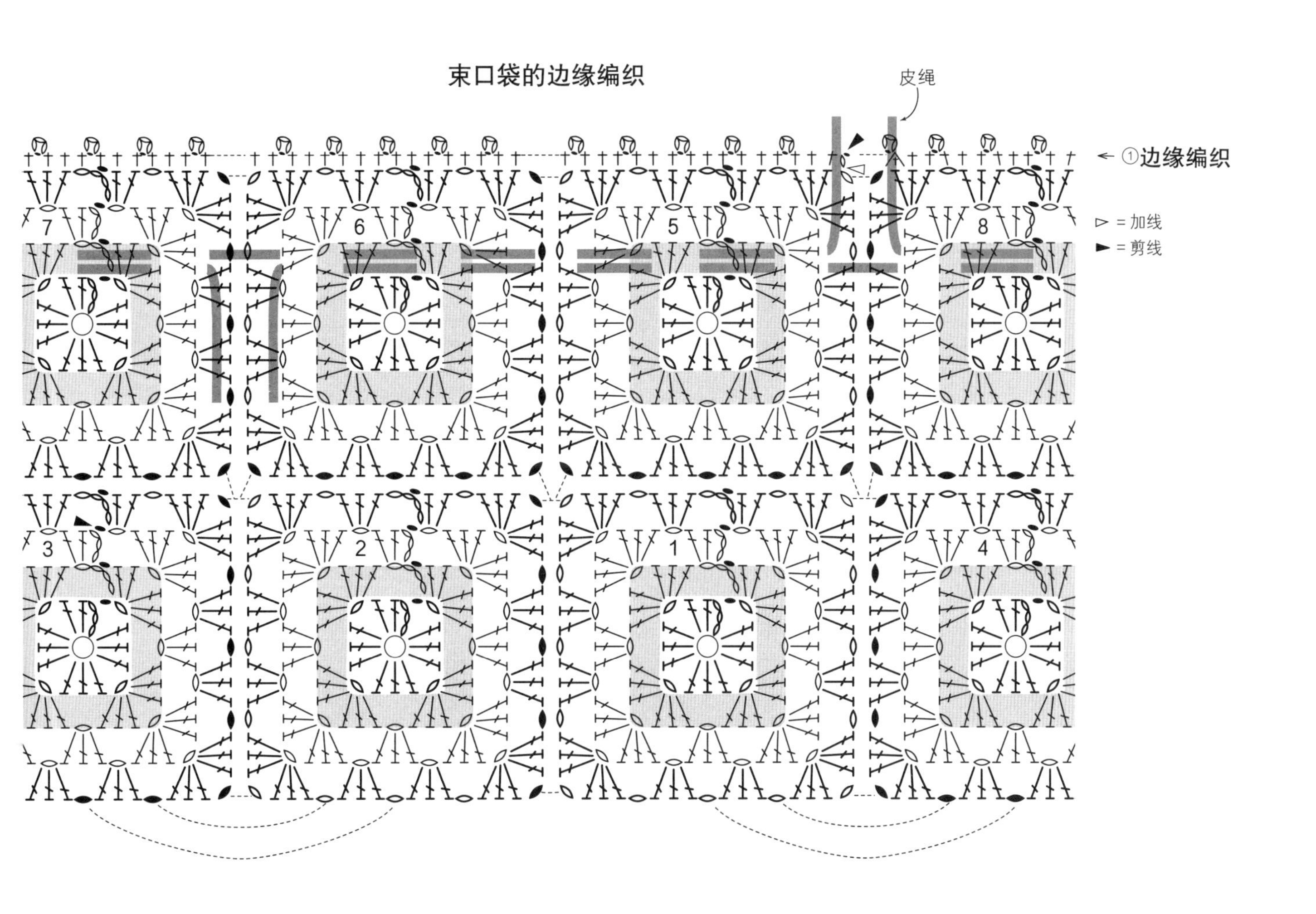

Y | 28、29页

a

b

●材料

Mille Colori Baby(中细) a 蓝色系多色混染(050)、b 橘黄色系多色混染(056)各150g/各3团

●工具

钩针7/0号

●成品尺寸

宽100cm，长49cm

●编织密度

编织花样A、B的1个花样均约2cm，10行10cm

●编织要点

锁针起针，按编织花样A、B往返钩织49行，每行都要增加花样。

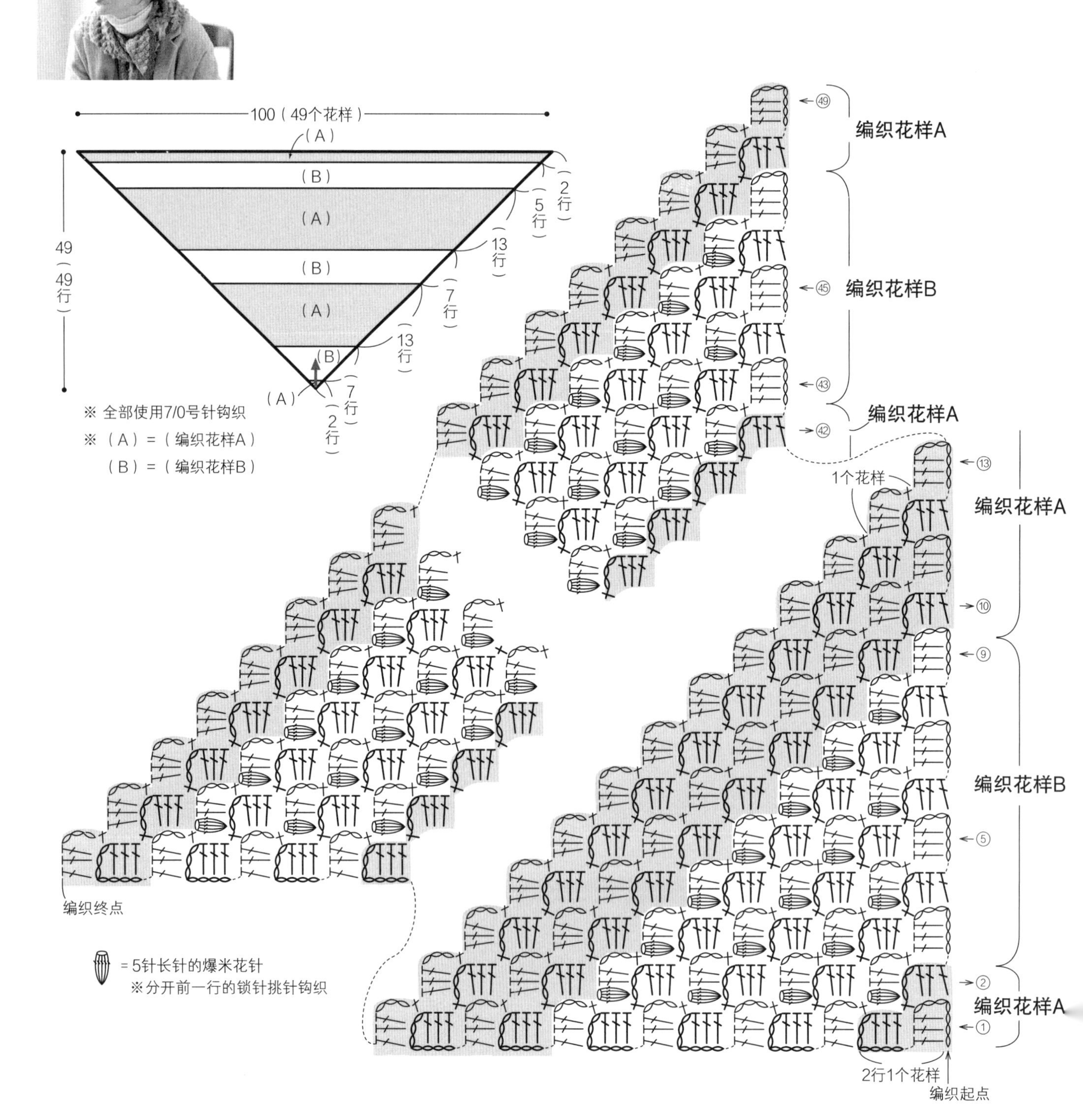

W | 26页

●材料

Boboli(粗)粉米色(427)300g/8团

●工具

棒针6号、5号、4号

●成品尺寸

胸围94cm，衣长53cm，连肩袖长70.5cm

●编织密度

10cm×10cm面积内：下针编织22针，28行

●编织要点

衣领　手指挂线起针后连接成环形，按编织花样A一边编织一边分散加针。

育克　从衣领接着编织单罗纹针，注意调整编织密度。参照符号图一边做下针编织和编织花样B一边加针。

前、后身片　从育克挑针，在后身片往返编织6行。接着在腋下另线锁针起16针，环形做下针编织和单罗纹针。编织终点做伏针收针。

衣袖　与身片一样，从育克、后身片(●、○)、身片的腋下(■、□、▲、△)挑针，按编织花样B、下针编织、单罗纹针环形编织。袖下参照图示减针。

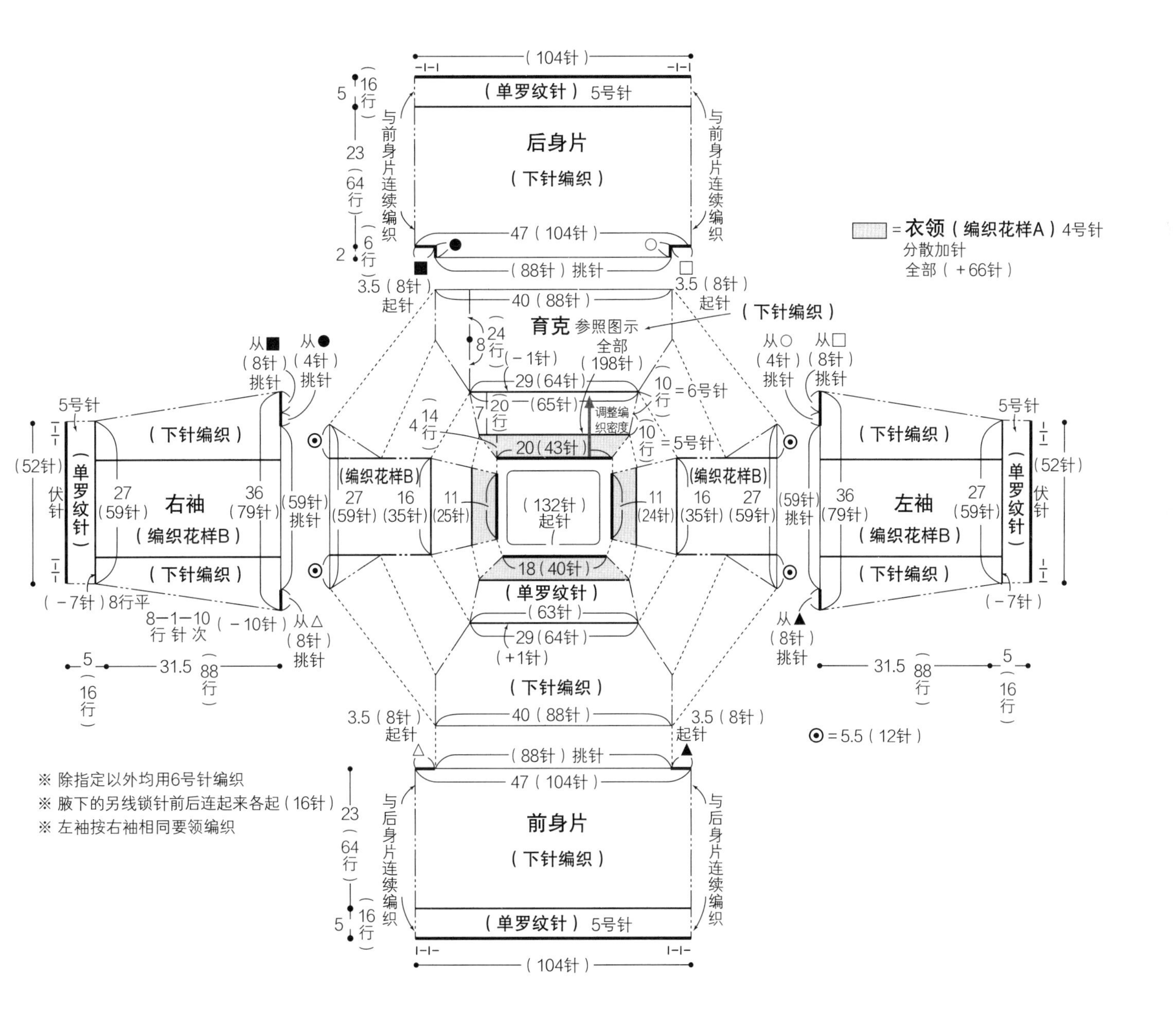

※ 除指定以外均用6号针编织

※ 腋下的另线锁针前后连起来各起(16针)

※ 左袖按右袖相同要领编织

♡ 育克的编织方法

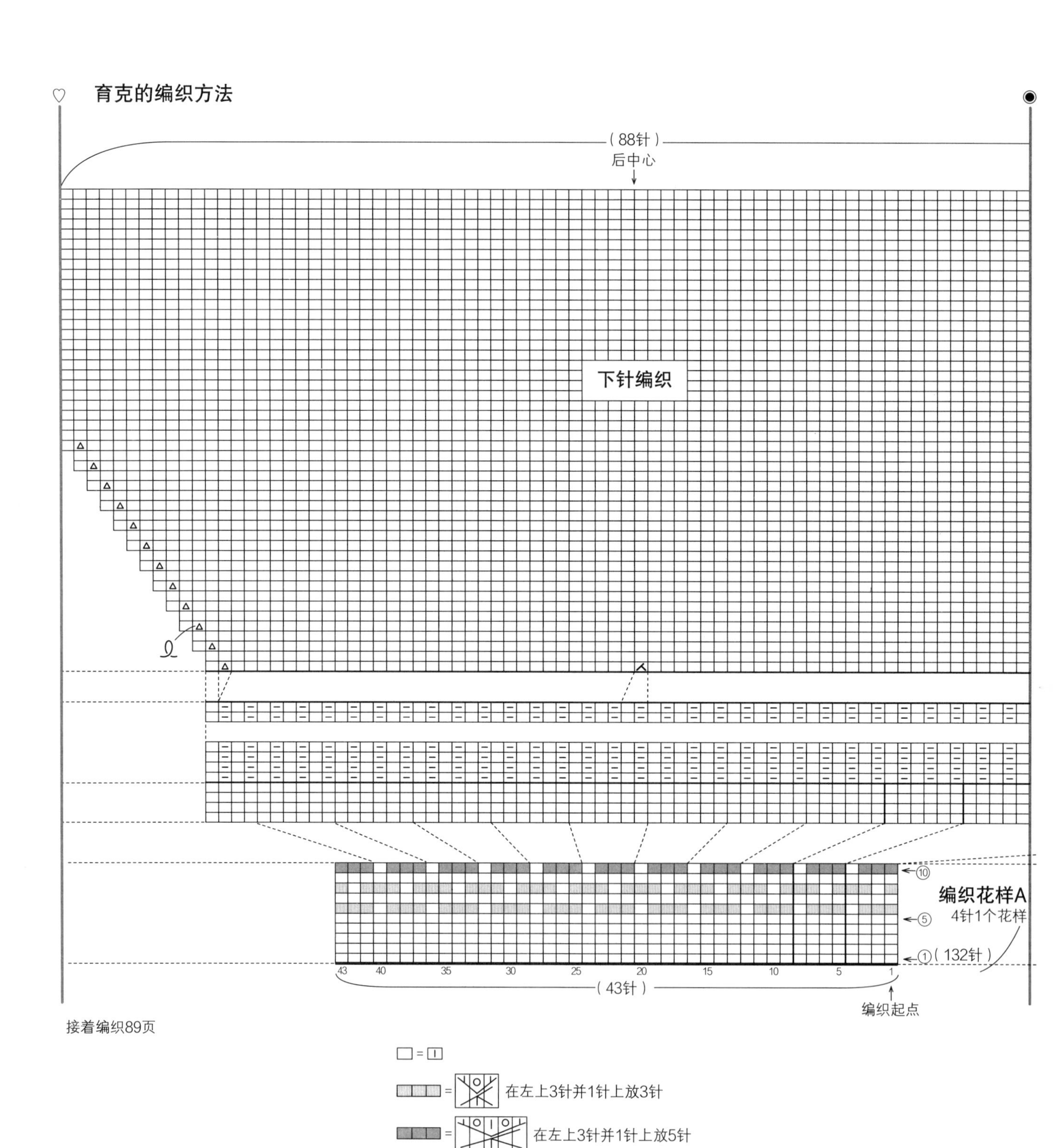

接着编织89页

□ = 丨

在左上3针并1针上放3针

在左上3针并1针上放5针

▲ = 左扭针加针

△ = 右扭针加针

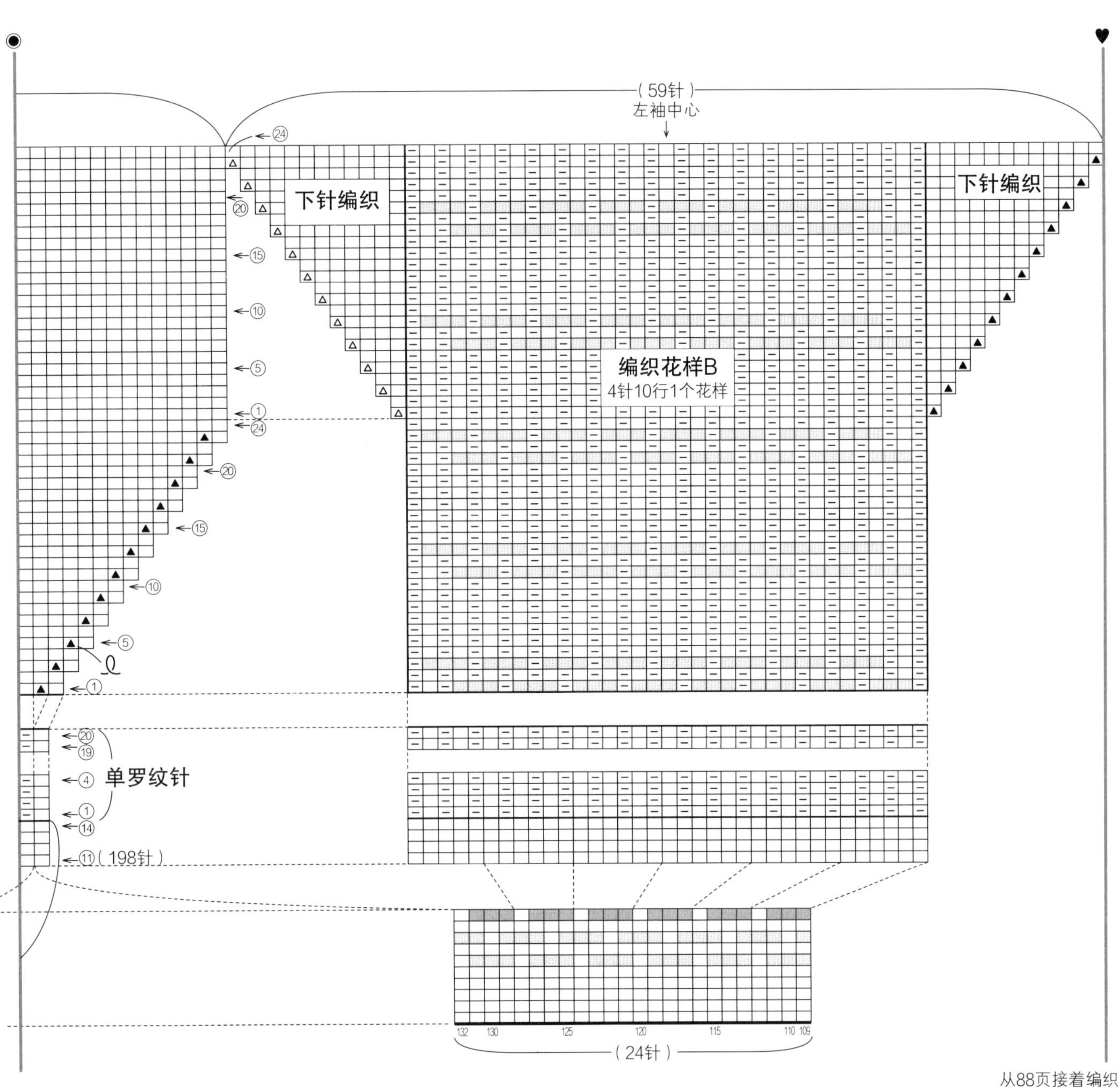

(59针)
左袖中心
下针编织
下针编织
编织花样B
4针10行1个花样
单罗纹针
⑪(198针)
(24针)
132
130
125
120
115
110
109

从88页接着编织

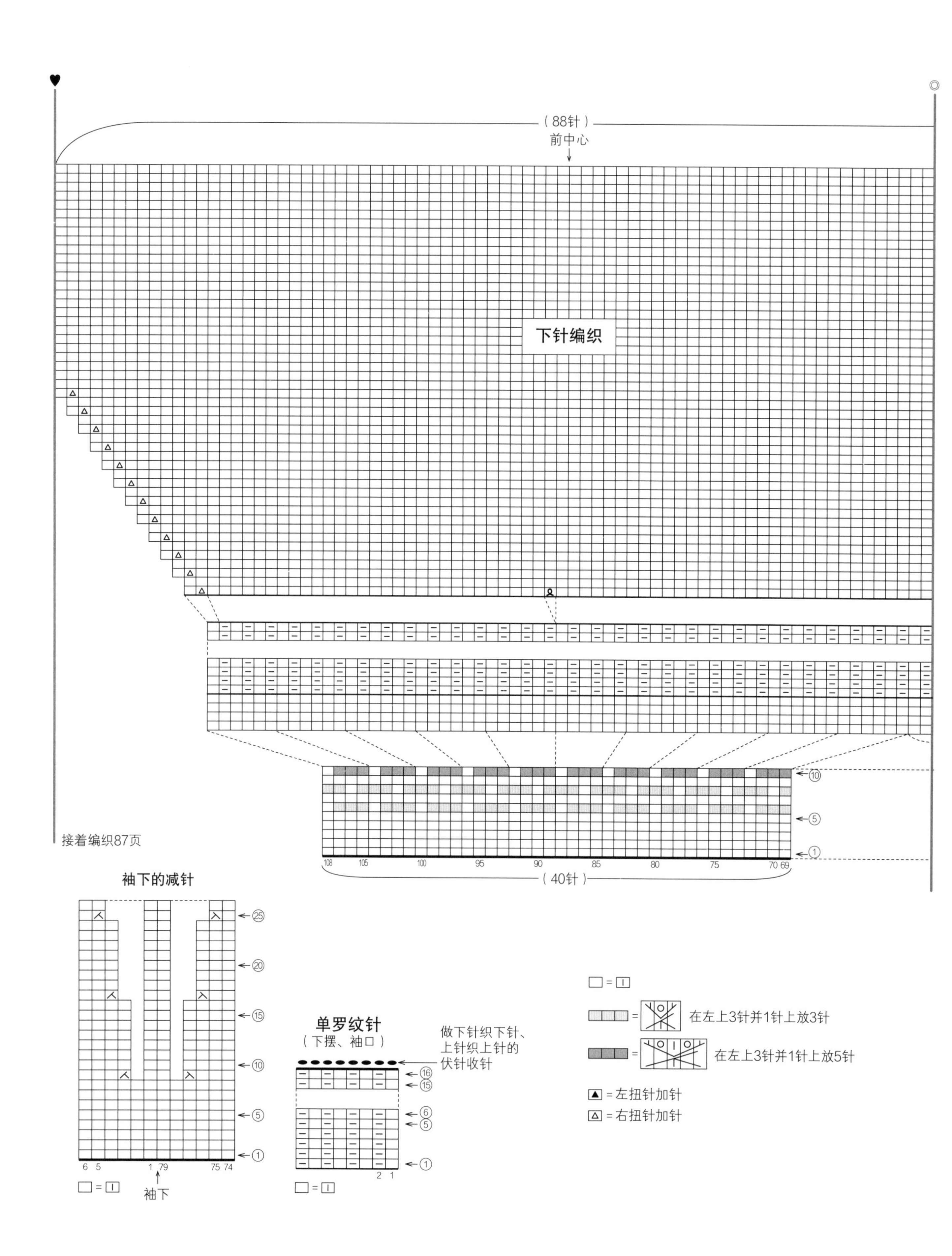

（88针）
前中心
下针编织
接着编织87页
108
105
100
95
90
85
80
75
70 69
（40针）
⑩
⑤
①
袖下的减针
㉕
⑳
⑮
⑩
⑤
①
6 5
1 79
75 74
袖下
单罗纹针
（下摆、袖口）
做下针织下针、
上针织上针的
伏针收针
⑯
⑮
⑥
⑤
①
2 1
在左上3针并1针上放3针
在左上3针并1针上放5针
=左扭针加针
=右扭针加针

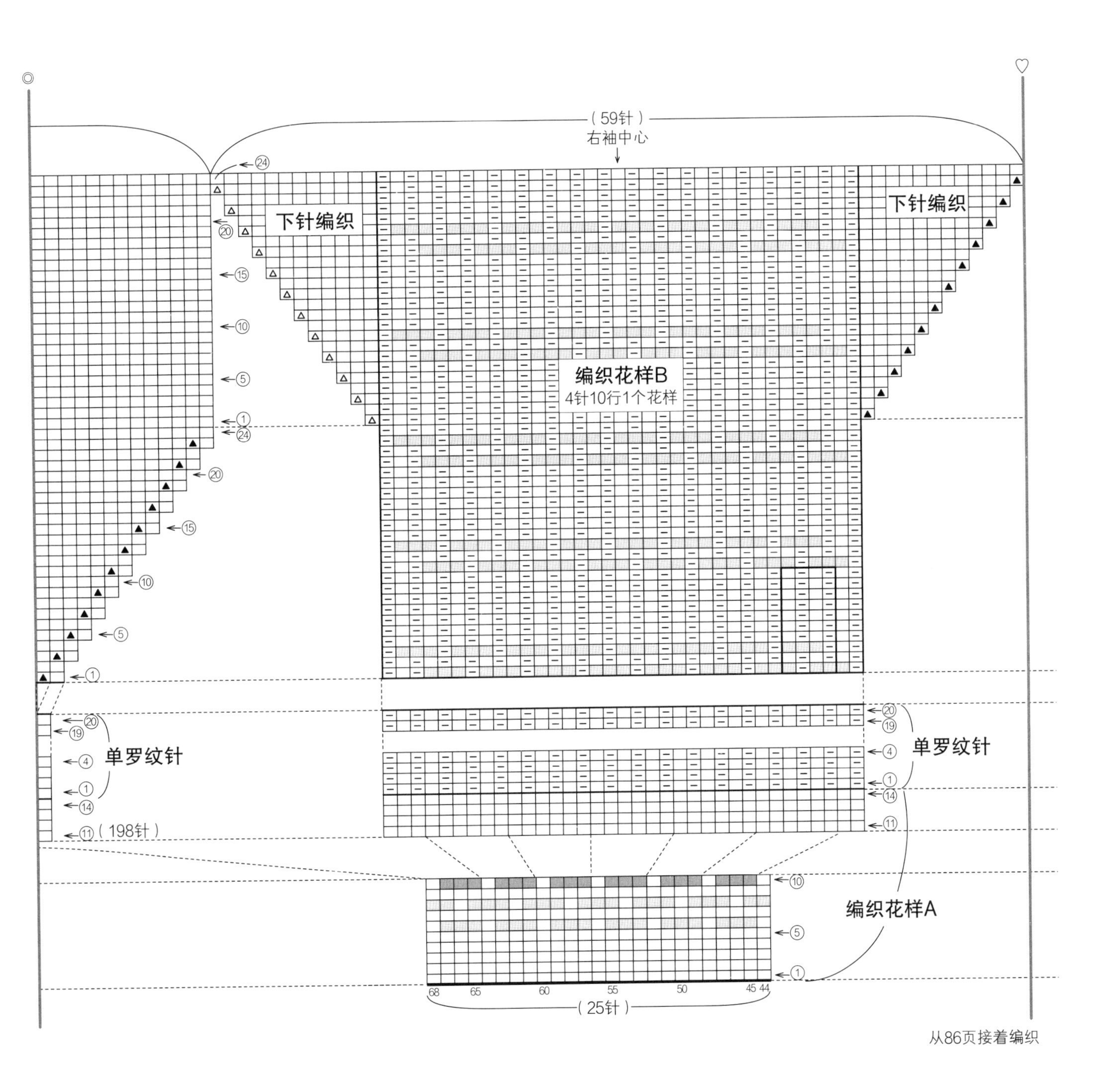

从86页接着编织

左、右扭针加针

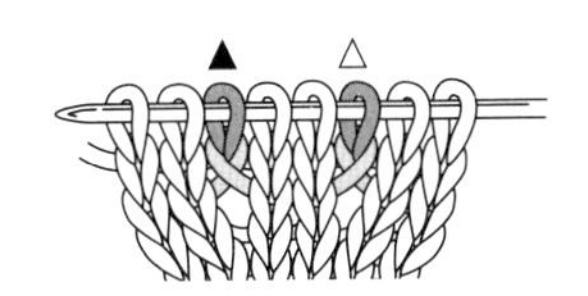

▲ 左扭针加针
（向左扭转的扭针）

△ 右扭针加针
（向右扭转的扭针）

X | 27页

●材料

Mini Sport(极粗) a 棕色(702)、b 蓝绿色(710)各230g/各5团

●工具

棒针7号，钩针7/0号

●成品尺寸

底部宽25cm，深26cm

●编织密度

10cm×10cm面积内：编织花样37针，26行

●编织要点

侧面 另线锁针起针，从锁针的里山挑针，按编织花样编织。整体一边编织一边减针，编织终点做伏针收针。另一个侧面从起针挑针，按相同技法编织。

提手 将包包的侧边做挑针缝合，在两侧折出褶裥后钩织短针。

组合 将两端的提手做卷针缝缝合。再将开口止位之间的提手部分做卷针缝缝合成环形。

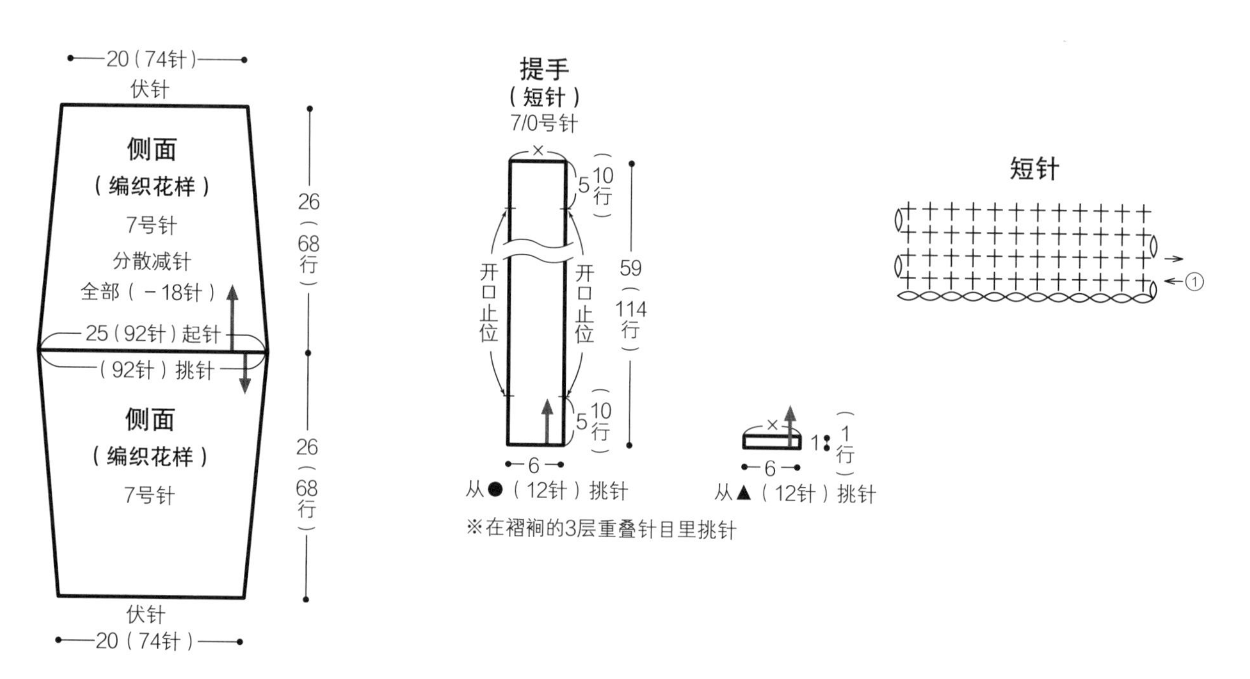

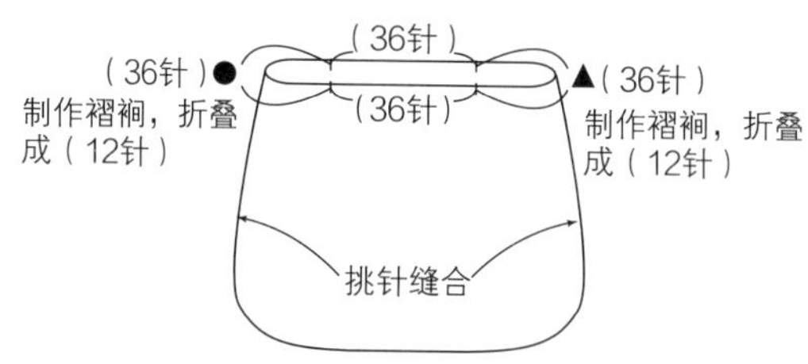

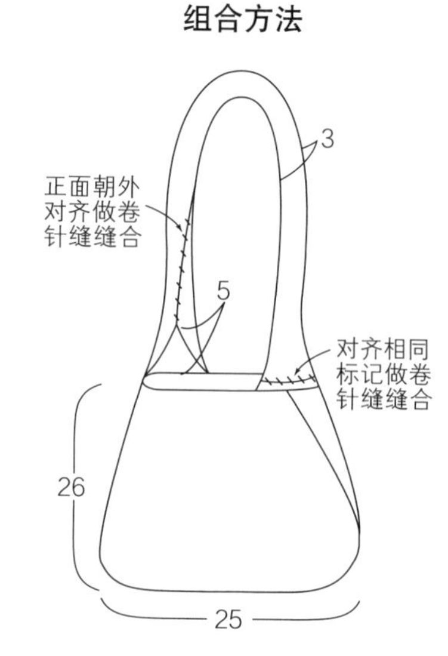

褶裥的折叠方法

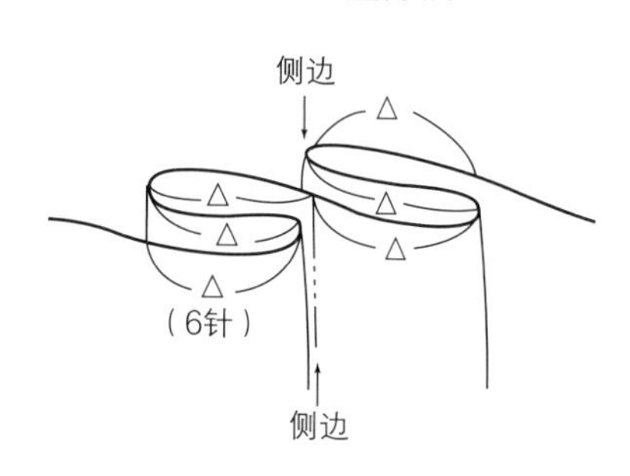

编织花样

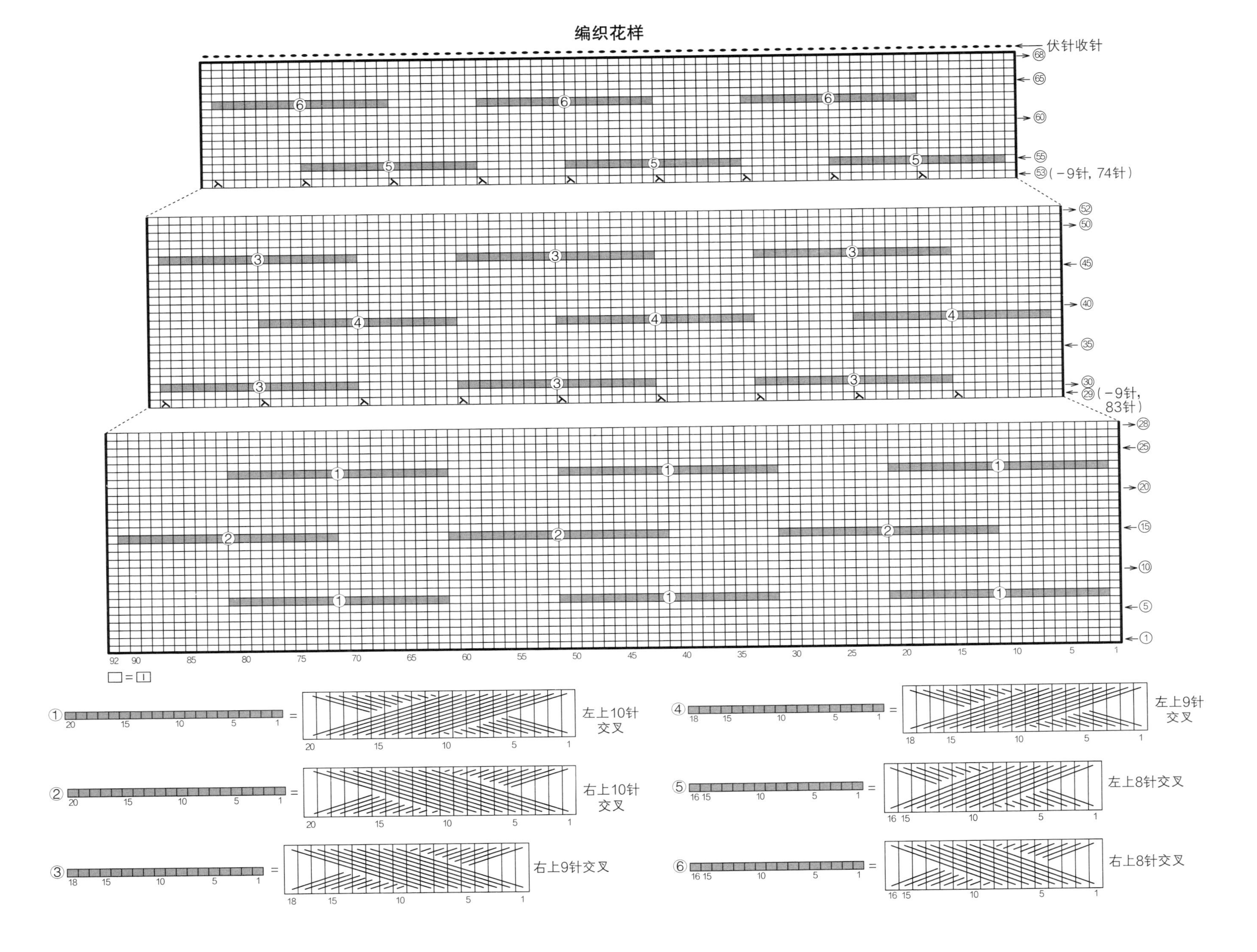
伏针收针
(68)
(65)
(60)
(55)
(53)(－9针, 74针)
(52)
(50)
(45)
(40)
(35)
(30)
(29)(－9针, 83针)
(28)
(25)
(20)
(15)
(10)
(5)
(1)
92 90 85 80 75 70 65 60 55 50 45 40 35 30 25 20 15 10 5 1
□ = Ⅰ
① = 左上10针交叉
② = 右上10针交叉
③ = 右上9针交叉
④ = 左上9针交叉
⑤ = 左上8针交叉
⑥ = 右上8针交叉

Z | 30、31页

●材料

Alba(粗)驼色(1082)150g/4团，灰米色(1087)25g/1团,象牙白色(0130)70g/2团,粉红色(1170)30g/1团，橘黄色(1265)10g/1团

●工具

棒针6号

●成品尺寸

胸围100cm，衣长54cm，连肩袖长28.5cm

●编织密度

10cm×10cm面积内：编织花样、配色花样均为24.5针，28行

●编织要点

后身片 手指挂线起针后，开始编织下摆的双罗纹针。接着按编织花样编织至肩部。在第1行加1针，在袖口开口止位加线做好标记。领窝做伏针减针和立起侧边1针的减针，肩部做引返编织，然后将肩部的针目做休针处理。

前身片 起针方法与后身片相同，按双罗纹针和配色花样编织。不过，前领窝做休针处理。

组合 肩部将前、后身片正面相对做盖针接合。胁部做挑针缝合。衣领、袖口挑针后环形编织双罗纹针。编织终点做下针织下针、上针织上针的伏针收针。

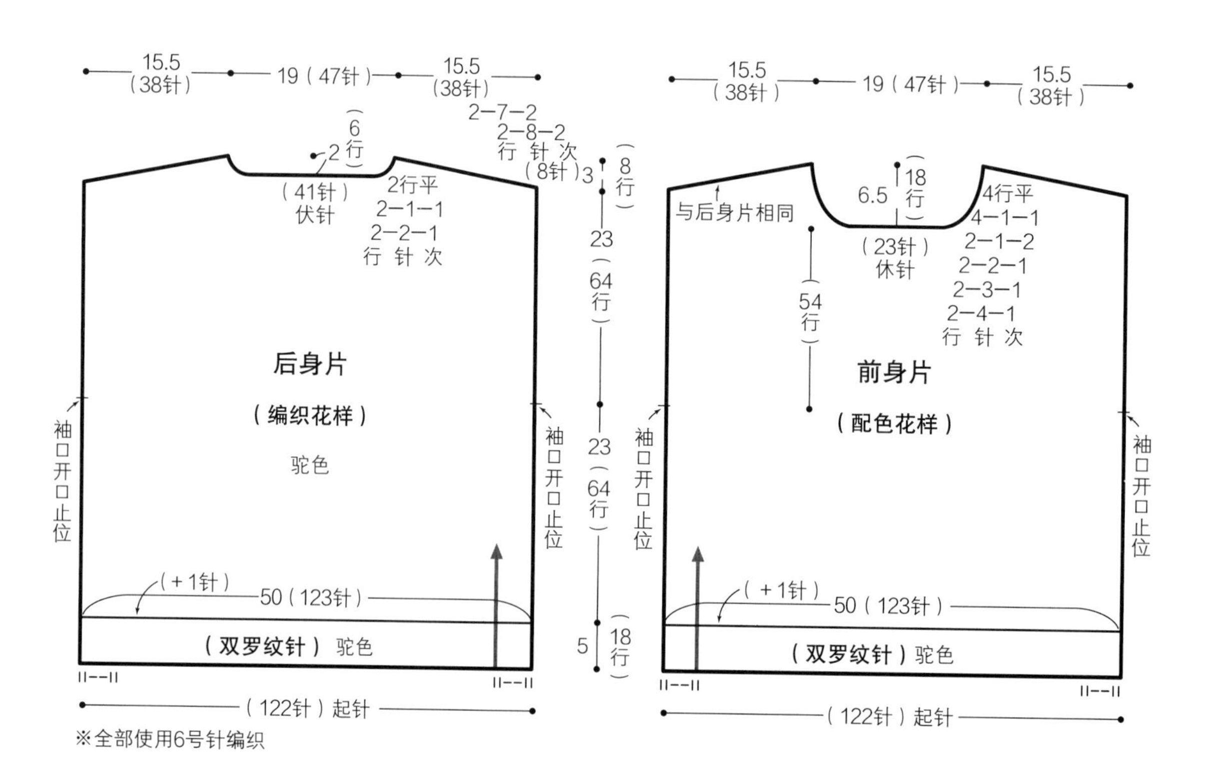

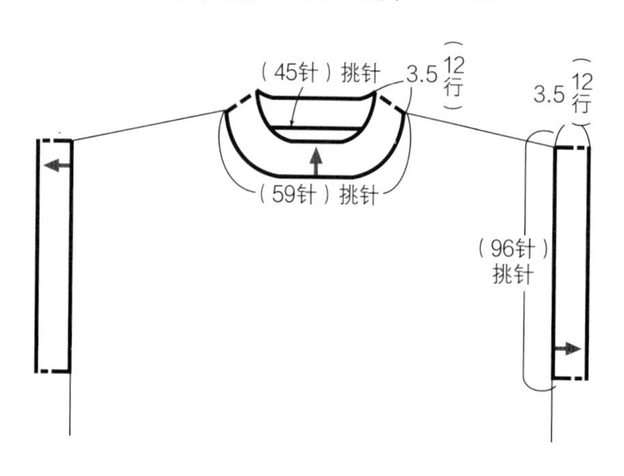

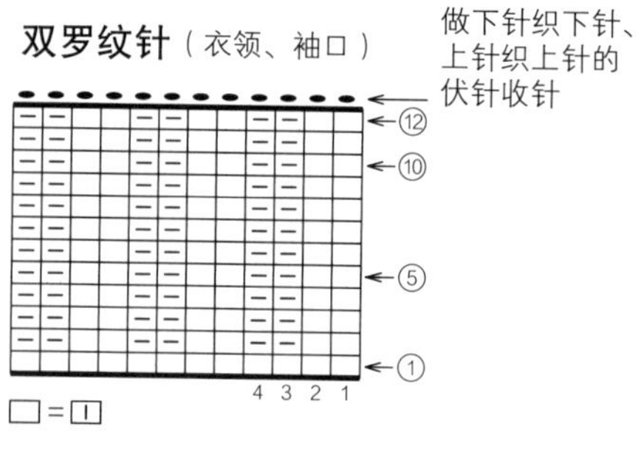

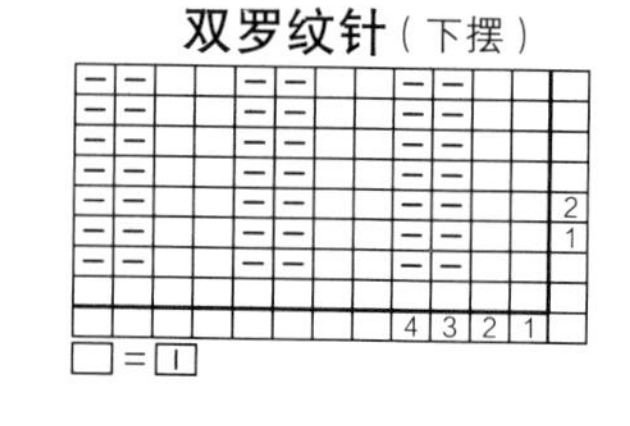

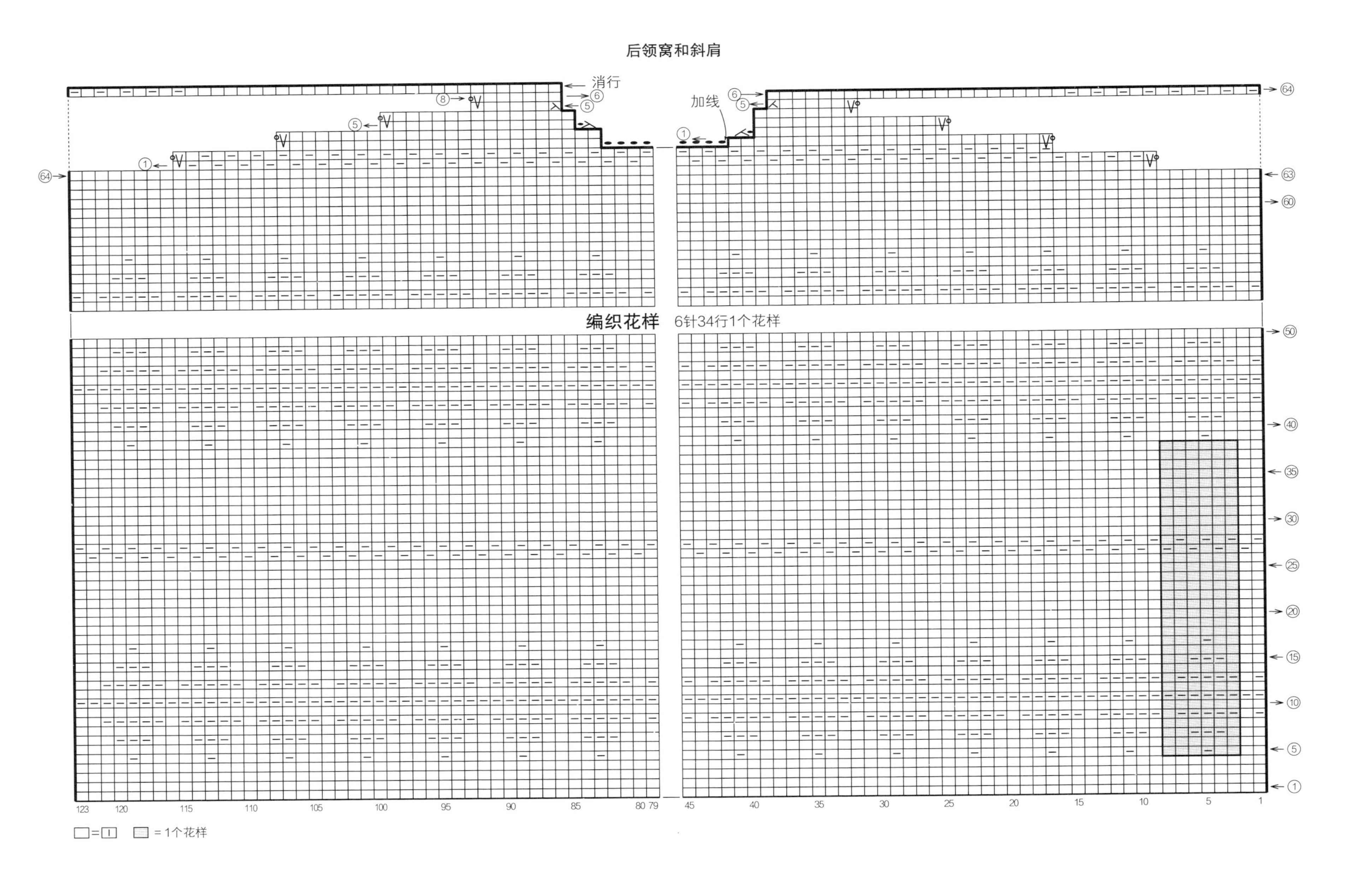
后领窝和斜肩
消行
加线
编织花样
6针34行1个花样
= 1个花样

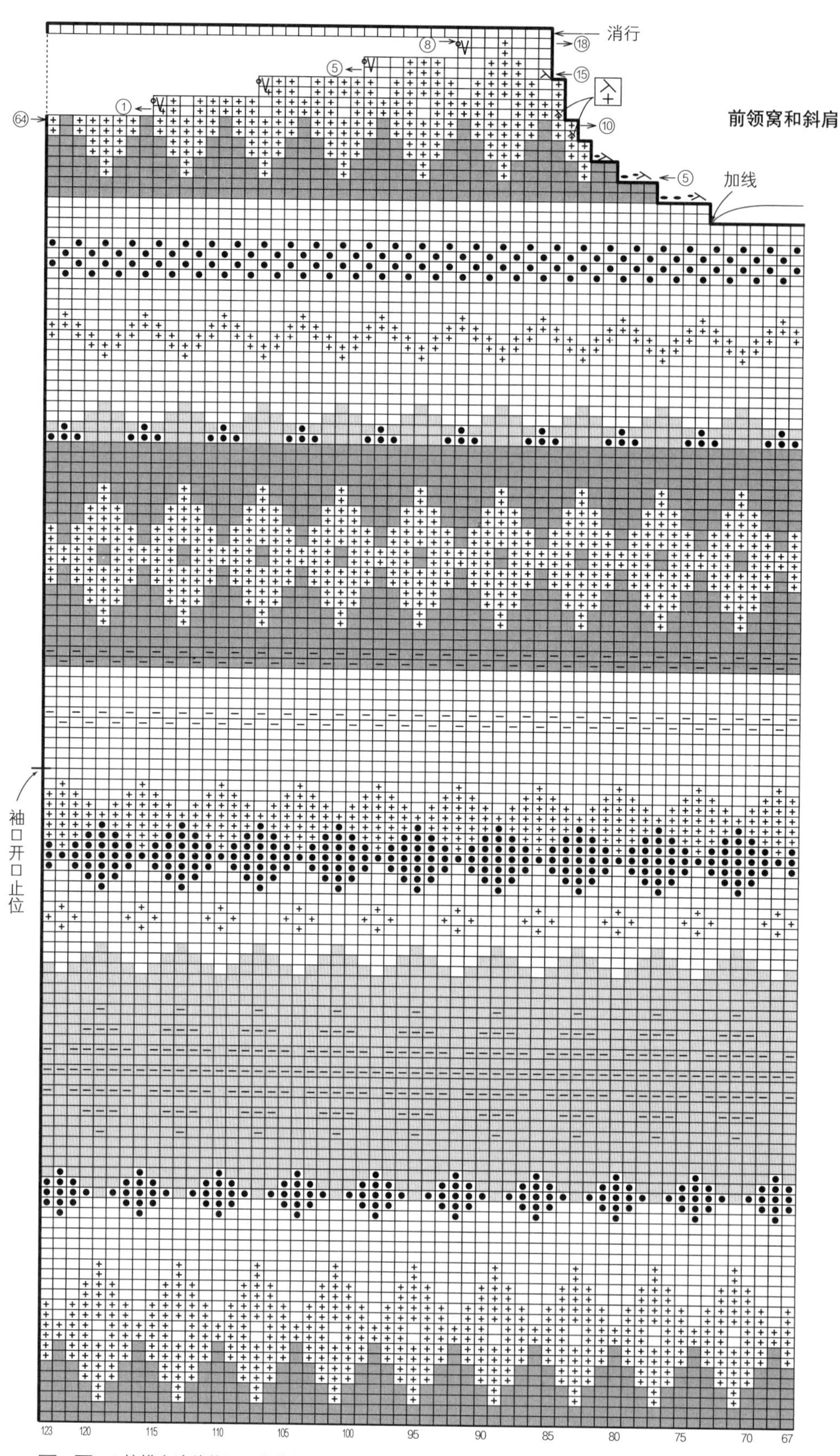

□ = ⊡ ※按横向渡线编织配色花样的方法编织（参照38页）

ⓧ = 扭针加针

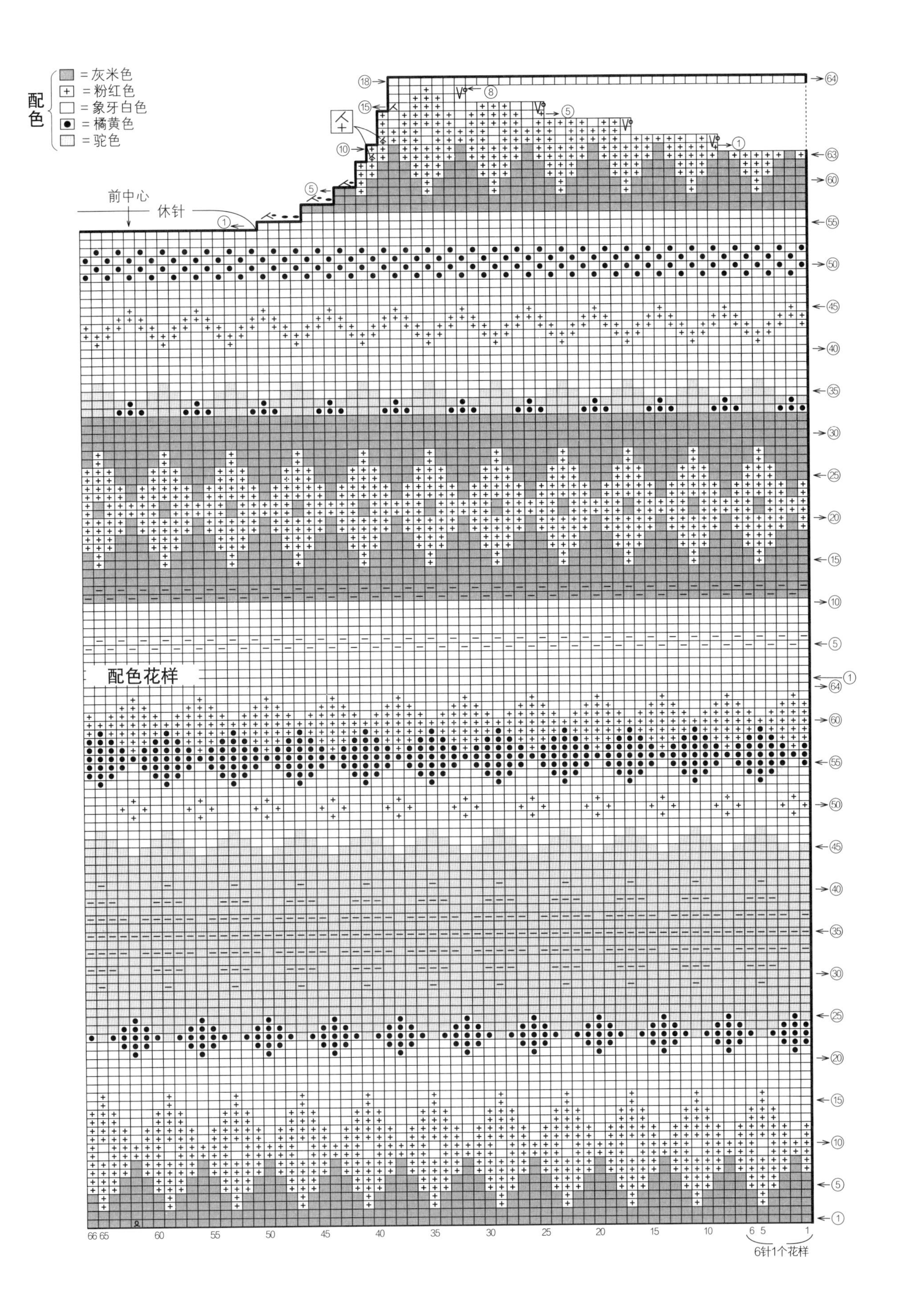
配色
= 灰米色
= 粉红色
= 象牙白色
= 橘黄色
= 驼色
前中心
休针
配色花样
6针1个花样

Photographer：Hironori Handa
Original Japanese edition published in Japan by NIHON VOGUE Corp.
Simplified Chinese translation rights arranged with Beijing Vogue Dacheng Craft Co., Ltd.

备案号：豫著许可备字-2023-A-0142

图书在版编目（CIP）数据

欧洲编织. 22，优雅随性的编织 / 日本宝库社编著；蒋幼幼译. —郑州：河南科学技术出版社，2024.1
ISBN 978-7-5725-1377-0

Ⅰ. ①欧… Ⅱ. ①日… ②蒋… Ⅲ. ①手工编织—图解 Ⅳ. ①TS935.5-64

中国国家版本馆CIP数据核字（2024）第002401号

出版发行：河南科学技术出版社
地址：郑州市郑东新区祥盛街27号 邮编：450016
电话：（0371）65737028 65788613
网址：www.hnstp.cn
策划编辑：仝广娜
责任编辑：刘淑文
责任校对：王晓红
封面设计：张 伟
责任印制：徐海东
印 刷：北京盛通印刷股份有限公司
经 销：全国新华书店
开 本：889 mm × 1 194 mm 1/16 印张：6 字数：180 千字
版 次：2024年1月第1版 2024年1月第1次印刷
定 价：49.00元